数据挖掘技术与应用

夏春艳　著

北　京
冶 金 工 业 出 版 社
2014

内 容 提 要

全书共8章，系统地讲述了数据挖掘技术的基本概念和基本原理，并列举了在相应领域具有参考价值的算法及其改进和应用，主要内容包括数据、关联规则、分类和预测、聚类分析、粗糙集理论、属性约简算法以及数据挖掘的应用。

本书可作为高校计算机专业本科生、研究生教材，也可供从事计算机信息处理、数据挖掘等相关方面的科技人员参考。

图书在版编目（CIP）数据

数据挖掘技术与应用／夏春艳著．—北京：冶金工业出版社，2014.8

ISBN 978-7-5024-6786-9

Ⅰ.①数…　Ⅱ.①夏…　Ⅲ.①数据采集　Ⅳ.①TP274

中国版本图书馆CIP数据核字（2014）第236726号

出 版 人　谭学余
地　　址　北京市东城区嵩祝院北巷39号　邮编　100009　电话　(010)64027926
网　　址　www.cnmip.com.cn　电子信箱　yjcbs@cnmip.com.cn
责任编辑　曾　媛　美术编辑　彭子赫　版式设计　孙跃红
责任校对　禹　蕊　责任印制　牛晓波
ISBN 978-7-5024-6786-9
冶金工业出版社出版发行；各地新华书店经销；北京佳诚信缘彩印有限公司印刷
2014年8月第1版，2014年8月第1次印刷
169mm×239mm；9.25印张；179千字；137页
39.00元
冶金工业出版社　投稿电话　(010)64027932　投稿信箱　tougao@cnmip.com.cn
冶金工业出版社营销中心　电话　(010)64044283　传真　(010)64027893
冶金书店　地址　北京市东四西大街46号(100010)　电话　(010)65289081(兼传真)
冶金工业出版社天猫旗舰店　yjgy.tmall.com
（本书如有印装质量问题，本社营销中心负责退换）

前　言

数据库技术从20世纪80年代开始，已经得到广泛的普及和应用。随着数据库容量的膨胀，特别是数据仓库以及Web等新型数据源的日益普及，人们面临的主要问题不再是信息的不足，而是面对浩瀚的数据海洋如何有效地利用这些数据。面对这一挑战，数据挖掘技术应运而生，并显示出强大的生命力。它能从大量数据中挖掘和学习有价值的隐含知识，是当今智能系统理论和技术的重要研究内容，因而近年来得到国内外的极大重视和研究。数据挖掘是一个多学科交叉领域，涉及数据库技术、人工智能、机器学习、神经网络、统计学、模式识别、知识库系统、知识获取、信息检索、高性能计算和数据可视化等领域。数据挖掘研究的进展也正是在于一直重视与其他领域研究者的合作。数据挖掘从工业、农业、医疗和商业的需求取得动力，从统计学、机器学习等领域的长期研究与发展中汲取营养。我们相信，只要有理解数据的需求，就有推动数据挖掘研究与应用发展的动力。

本书介绍了数据挖掘技术的基本理论方法和改进算法以及数据挖掘技术的应用，内容共包括8章：第1章为绪论，介绍数据挖掘基本概念和理论。该章简要介绍了数据挖掘的起源和研究现状，描述了数据挖掘的概念、功能、过程、分类和方法，讨论了数据挖掘的应用分析以及数据挖掘今后的发展趋势与面对的问题。第2章介绍数据挖掘之前的数据技术。讨论了数据类型，主要包括属性和数据集的类型；描述了数据预处理技术，包括数据清理、数据集成、数据变换和数据归约；最后举例介绍了邻近性度量的相关概念。第3章阐述关联规则挖掘的原理与算法。重点介绍了Apriori关联规则算法及其效率；分析了关联规则挖掘的深入问题，比如多层次、多维和数量关联规则挖掘。第4章给出分类和预测的主要理论和算法描述。介绍了分类概念和分类规则的原理、算法步骤和模式；介绍了几种主要的分类器，包括决策树分类器、贝叶斯分类器和基于规则的分类器。第5章讨论聚类的常用技术和方法。首先介绍数据聚类概念，然后提供若干主要的数据聚类技术，包括基于划分的聚类、层次聚类和基于密度的聚类。第6章介绍数据挖掘的主要方法之一——粗糙集理论。主要介绍了粗糙集理论的研究现状、基本概念和理论，以及属性的重要性和规则的产生；还介绍了粗糙集在数据挖掘中的应用。第7章讨论粗糙集理论的主要方法属性约简算法。介绍了典型的属性约简算法，分析和提出改进的启发式属性约简算法。第8章讨论数据挖掘的应用。阐述了数据挖掘的应用方法，讨论了数据挖掘在农业生产和教学中的应用实践。

本书综合了作者在数据挖掘理论和应用研究过程中的最新研究成果，在研究过程中得到了牡丹江师范学院青年学术骨干项目（G201206）、牡丹江师范学院省级预研项目（SY201215）和黑龙江省教育厅科学技术研究项目（12523065）的资助。

作者在数据挖掘理论和应用研究过程中得到了长春理工大学崔广才教授、牡丹江师范学院张岩教授的指导和帮助，在本书的编写过程中得到了牡丹江师范学院李树平教授、赵杰教授和杨文君教授的支持和指导，特别是李树平教授在本书的出版过程中还给予了极大的关心和帮助，在此一并表示感谢。最后，感谢冶金工业出版社编辑的出色工作，使得本书得以顺利出版。

由于水平和时间所限，书中存在的缺点和错误，恳请读者批评指正。

夏春艳

2014年8月

目　录

1 绪　论

1.1 数据挖掘的起源

新的需求推动新的技术的诞生。随着科学技术的飞速发展，经济和社会都取得了极大的进步，与此同时，在各个领域产生了大量的数据，激增的数据背后隐藏着许多重要的信息，如何处理这些数据得到有益的信息，人们进行了很多的研究与探索。目前的数据库系统可以高效地实现数据的录入、查询、统计等功能，但无法发现数据中存在的关系和规则，无法根据现有的数据预测未来的发展趋势，形成缺乏挖掘数据背后隐藏知识的手段，导致“数据爆炸但知识贫乏”的现象[1]。因此，人们不再满足于数据库的查询功能，希望能够对其进行更高层次的分析，以便能从数据中提取信息或者知识为决策服务。用数据库管理系统来存储数据，用机器学习的方法来分析数据，挖掘大量数据背后的知识，这两者的结合促成了数据库中的知识发现（KDD，Knowledge Discovery in Databases）的产生[2]。它的出现为自动和智能地把海量数据转化为有用的知识提供了有力的手段。人们把原始数据看作是形成知识的源泉，就像从矿石中采矿一样。原始数据可以是结构化的，如关系数据库中的数据；也可以是半结构化的，如文本、图形、图像数据；甚至是非结构化的异构数据，如分布在网络上的 Web 数据。发现知识的方法可以是数学的，也可以是非数学的；可以是演绎的，也可以是归纳的。发现的知识可以用于信息管理、查询优化、决策支持、过程控制等，还可以用于数据自身的维护。

从我们的观点看，大部分数据挖掘问题和相应的解决方法都起源于传统的数据分析。数据挖掘起源于多种学科，其中最重要的两门是统计学和机器学习。统计学起源于数学，因此，数据挖掘强调数学上的精确。在实践测试之前，要求在理论上得到验证；相比之下，机器学习更多地起源于计算机实践。如果说数据挖掘的统计学方法和机器学习方法之间的主要区别之一是数学和形式化被给予的地位，那么另外一个区别就在于模型和算法规则之间侧重点不同。现代统计学几乎完全是由模型概念驱动的，是一个假定的结构，或者说是一个结构的近似，这个结构能够产生数据。统计学强调模型，而机器学习倾向于强调算法。数据挖掘中的基本模型法则也起源于控制理论，控制理论主要应用于工程系统和工业过程。通过观察一个未知系统（也被称为目标系统）的输入输出信息，以决定其数学模型的问题通常被称为系统识别。系统识别的目标是多样化的，并且是从数据挖掘的立场出发的。最重要的是预测系统的行为，并解释系统变量之间的相互作用和关系。

综上所述，数据挖掘是一门广义的交叉性学科，它涉及到了数据库技术、机器学习、统计学、模式识别、神经网络、知识获取、数据可视化、信息检索、图像与信号处理、空间数据分析、高性能计算、专家系统等领域[3]。但在现实世界中，由于事物发生的随机性，人类知识的不完全、不精确以及自然语言中存在的模糊性和歧义性使人们所面对的数据源存在各种不确定性，这种不确定性造成了具有相同描述信息的对象可能属于不同概念，因此在数据挖掘和数据库知识发现的诸多研究方法中，解决不确定性问题受到研究者的广泛重视。在人工智能领域提出了许多方法处理不确定性问题，其中应用得最广泛的是概率论、模糊集、证据理论和粗糙集理论以及这些方法的相互渗透和补充。

1.2 数据挖掘的现状

数据挖掘技术出现于20世纪80年代末，它是随着数据库和人工智能技术的发展而产生的。KDD技术首次出现于1989年在美国举行的第十一届国际人工智能联合学术会议上，但此次会议内容涵盖广泛，理论和技术难度又很大，使KDD技术一时难以满足需求。1993年，美国电气电子工程师学会（IEEE）的知识与数据工程（Knowledge and Data Engineering）会刊出版了KDD技术专刊，发表的论文和摘要体现了当时KDD的最新研究成果和动态。1995年，数据挖掘界在加拿大蒙特利尔召开了第一届知识发现与数据挖掘国际学术会议，人们开始重新认识数据、认识存储、认识数据统计和分析。该会议是由1989年至1994年举行的四次数据库中知识发现国际研讨会发展起来的，此后每年在欧美地区召开一次，每次会议都会有很多国家的相关领域研究人员参与，相互交流最新研究进展（http：//www. sigkdd. org/）。1997年，亚太地区数据挖掘会议（PAKDD，Pacific - Asia Conference on Knowledge Discovery and Data Mining）的顺利召开，标志着亚太地区数据挖掘研究进入发展时期。PAKDD会议每年召开一次，从1997年至2012年的16年中，亚洲和大洋洲的主要国家都成功举办过该项会议。1998年，数据挖掘界成立了知识发现与数据挖掘国际学术会议组织（ACM - SIGKDD，ACM Special Interest Group on Knowledge Discovery and Data Mining），即美国计算机学会（ACM）下的数据库中的知识发现专业组（Special Interested Group on Knowledge Discovery in Databases）。同年，在美国纽约举行的第四届ACM - SIGKDD不仅仅进行了学术讨论，而且有30多家软件公司展示了他们的数据挖掘软件产品，其中的一些软件产品已在北美、欧洲等国得到应用。除了ACM - SIGKDD和PAKDD外，还有许多著名的数据挖掘会议，如工业和应用数学学会的数据挖掘国际会议（SIAM International Conference on Data Mining，http：//www. siam. org/meetings/）

等。中国计算机学会人工智能与模式识别专委会也于2009年在原中国分类技术与应用研讨会基础上扩展为中国数据挖掘会议（CCDM，China Conference on Data Mining），为我国学术界和工业界的广大研究人员提供了一个交流、合作平台，使得数据挖掘和知识发现技术成为我国当前计算机科学界的一大研究热点。

由于数据挖掘可以为企业构筑竞争优势，为社会带来巨大的经济效益，一些国际知名公司也纷纷加入数据挖掘的行列，研究开发相关的软件和工具，引发了知识发现和数据挖掘理论及应用研究的热点。目前，世界上已有很多技术成熟、有较强产业化能力的数据挖掘软件，其中主要有[4]：（1）SAS Enterprise Miner（http：//www.sas.com）。1997年SAS发布了SAS Enterprise Miner，是美国使用最为广泛的三大著名统计分析软件（SAS、SPSS和SYSTAT）之一，被誉为统计分析的标准软件。（2）SPSS Clementine（http：//www.spss.com）。1998年收购了ISL公司，获得了Clementine数据挖掘包，是世界上最早的统计分析软件之一。（3）IBM Intelligent Miner。Intelligent Miner使用预测模型标记语言（PMML，Predictive Modeling Markup Language）来导出挖掘模型，这种语言由数据挖掘协会（DMG，Data Mining Group）定义。（4）Insightful Miner。由美国Insightful公司开发的具有高度可扩展性的数据分析和数据挖掘软件。此外，还有Oracle公司从Thinking Machines公司取得的Darwin、Unica公司开发的Affinium Model、Angoss Software开发的Knowledge SEEKER、Simon Fraser大学开发的DBMiner、SGI公司和Standford大学联合开发的Minset、IBM公司Almaden研究中心开发的Quest、Neo Vista开发的Decision Series等。国内也有不少新兴的数据挖掘软件：（1）DMiner。由上海复旦德门软件公司开发的具有自主知识产权的数据挖掘平台。（2）iDMiner。由海尔青大公司开发的具有自主知识产权的数据挖掘系统。（3）MSMiner。由中科院计算技术研究所智能信息处理实验室开发的多策略数据挖掘平台。

在互联网上还有不少关于数据挖掘技术的电子出版物（http：//www.kdnuggets.com），其中以半月刊Knowledge Discovery Nuggets最为权威。国内也有一些数据挖掘技术交流网站，如http：//www.dmgroup.org.cn和http：//www.dmresearch.net。Knowledge and Data Engineering，Pattern Analysis and Machine Intelligence是目前国际上最有影响的数据挖掘期刊。此外，许多杂志刊物也为数据挖掘开辟了学术专栏，为该领域的研究与交流提供了广阔的舞台。

1.3 数据挖掘的概念

数据挖掘的概念包含很多的内涵，它是一个多学科交叉的研究领域。单从从事研究和开发人员来说，其涉及范围的广泛性就是其他领域所不能比拟的。既有大学里的专门研究人员，又有商业公司的专家和技术人员。即使在研究领域，从不同的角度看待数据挖掘的概念，研究背景就分为人工智能、统计学、数据库以及高性能等。因此，理解数据挖掘的概念不是简单地下个定义就能解决的问题。

1.3.1 数据挖掘的技术含义

从20世纪90年代以来，数据挖掘的发展速度很快，加之它是多学科综合的产物，目前还没有一个完整的定义。关于数据挖掘的描述有许多不同的说法，其中最普遍的定义如下：

数据挖掘是指从大量数据中抽取隐含的、不为人知的、有用的信息[1]。

数据挖掘也能被描述为试图创建一个数据库中描述的复杂世界的简单模型，因而我们也可以说数据挖掘是处理大量信息的方法，并且它有助于以比人更快的速度发现有用的信息。许多人把数据挖掘视为另一个常用的术语，数据库中知识发现或KDD的同义词，而另一些人只是把数据挖掘视为数据库中知识发现过程的一个基本步骤。知识发现过程由以下步骤组成：数据清理、数据集成、数据选择、数据变换、数据挖掘、模式评估、知识表示。

目前，我们更倾向于韩家炜先生的关于数据挖掘的定义[5]，即数据挖掘就是从大量的、不完全的、有噪声的、模糊的、随机的实际应用数据中，提取隐含在其中的、人们事先不知道的、但又是潜在有用的信息和知识的过程。这个定义包含了几层含义：（1）数据源必须是大量的、真实的，真实的数据往往含有噪声或缺失；（2）发现的是用户感兴趣的知识；（3）发现的知识是可接受、可理解、可运用的，能支持特定的发现问题，能够支持决策，可以为企业带来利益，或者为科学研究寻找突破口。

1.3.2 数据挖掘的理论基础

谈及数据挖掘和知识发现，必须进一步阐述其研究的理论基础问题。虽然数据挖掘的理论基础还没有发展到完全成熟的地步，但是分析其发展可以使我们对数据挖掘的概念更清楚。坚实的理论基础是我们研究、开发和评价数据挖掘方法的基石。从研究的历史看，数据挖掘可能是数据库、数理统计、人工智能、计算机科学以及其他方面的学者和工程技术人员在数据挖掘的探索性研究过程中创立的理论体系。1997年，Mannila对当时流行的数据挖掘理论框架给出综述。结合最新的研究成果，基于以下的重要理论框架可以帮助我们准确的理解数据挖掘的概念和技术特点：

（1）模式发现架构。在此种理论框架下，数据挖掘技术被认为是从源数据集中发现知识模式的过程。这是继承和发展机器学习的方法，是目前比较流行的研究数据挖掘与开发系统的框架。按照这种架构，可以研究不同的知识模式的发现过程。目前，在关联规则、决策树归纳、分类/聚类模型以及序列模式等模式发现的方法与技术上取得了丰硕的成果。近几年，又开始了多模式的知识发现的研究。

（2）规则发现架构。Agrawal 等学者综合机器学习和数据库技术，将三类数据挖掘目标即分类、关联及序列作为一个统一的规则发现问题来处理。并给出了统一的挖掘模型和规则发现过程中的几个基本运算，解决了数据挖掘问题如何映射到模型和通过基本运算发现规则的问题。这种基于规则发现的数据挖掘架构也是目前比较流行的数据挖掘研究方法。

（3）基于概率和统计理论。在此种理论框架下，数据挖掘技术被看作是从大量源数据集中发现随机变量的概率分布情况的过程。目前，这种方法在数据挖掘的分类和聚类研究及应用中取得了较好的成果。这些技术和方法可以看作是概率理论在机器学习中应用的发展和提高。统计学作为一个成熟的学科，已经在数据挖掘中得到了广泛的应用。例如传统的统计回归法在数据挖掘中的应用。特别是最近十年，统计学已经成为支撑数据仓库、数据挖掘技术的重要理论基础。实际上，大多数理论架构都离不开统计方法的介入，统计方法在概念形成、模式匹配和成分分析等众多方面都是基础中的基础。

（4）微观经济学观点。在此种理论框架下，数据挖掘技术被看作是一个问题的优化过程。1998 年，Kleinberg 等人建立了在微观经济学框架里判断模式价值的理论体系。这种理论认为，如果一个知识模式对一个企业是有效的话，则它就是有趣的。有趣的模式发现是一个新的优化问题，可以根据基本的目标函数，对“被挖掘的数据”的价值提供一个特殊的算法视角，导出优化的企业决策。

（5）基于数据压缩理论。在此种理论框架下，数据挖掘技术被看作是对数据的压缩的过程。按照这种观点，关联规则、决策树和聚类等算法实际上都是对大型数据集的不断概念化或抽象的压缩过程。Chakrabarti 等人认为，最小描述长度原理可以评价一个压缩方法的优劣，即最好的压缩方法应该是概念本身的描述和把它作为预测器的编码长度都是最小。

（6）基于归纳数据库理论。在此种理论框架下，数据挖掘技术被看作是对数据库的归纳的问题。一般情况下，一个数据挖掘系统必须具有原始数据库和模式库，数据挖掘的过程就是归纳的数据查询过程。这种架构也是目前研究者和系统研制者倾向的理论框架。

（7）可视化数据挖掘。1997 年，Keim 等对可视化数据挖掘的相关技术给出了综述。虽然可视化数据挖掘必须结合其他技术和方法才能有意义，但是以可视化数据处理为中心来实现数据挖掘的交互式过程以及更好地展示挖掘结果等，已经成为数据挖掘中的一个重要方面。

以上所述的理论框架不是孤立的，更不是互斥的。对于特定的研究与开发领域来说，它们是相互交叉并且有所侧重的。综上所述，数据挖掘的研究是在相关学科充分发展的基础上提出并不断发展的，它的概念和理论仍在发展中。

1.3.3 数据的分类

数据是指一个有关事实的集合，用来描述事物相关方面的信息，是进一步发现知识的原材料。数据类型不仅包含一般的静态的数值型数据，还包括时间序列数据、空间数据、文本数据和多媒体数据等：

（1）时间序列数据。时间序列数据是与时间有关的一系列数据，可以进一步分为时间相关数据和序列相关数据。时间相关数据与数据产生的绝对时间有关，如银行账务、股票价格、设备运行日志和某地区不同时间段的自来水用水量等。序列相关数据与数据产生的绝对时间相关不大，注重数据间的先后次序。典型的序列相关数据有生物信息中的蛋白质、传感器输出数据和 DNA 序列数据等。

（2）空间数据。空间数据是与空间位置或地理信息有关的数据。如地理信息系统 GIS 数据、人口普查数据和二维或三维图像数据等。

（3）文本数据。文本数据就是我们应用的一般文字，如报刊杂志、设备维护手册和故障描述等。对文本数据的挖掘主要是发现某些文字出现的规律以及文字与语义、语法间的联系，用于处理自然语言，如语音识别、机器翻译和信息检索等。目前一个十分活跃的研究方向是 Web 日志的挖掘，目的是有效地发现互联网用户访问站点的模式，从而提高服务的针对性。

（4）多媒体数据。多媒体数据是随着多媒体技术日益涌现的声音、图像、图形和超文本等数据。

1.3.4 训练集和测试集

在数据挖掘系统中被用来抽取知识的数据集称为训练集[6]。通过训练这个数据集中的数据，系统试图创建一般规则、模式的描述以及数据库中的关系，获得的知识不仅对所考虑的数据集是有效的，而且还要适合其他类型（非训练集）的数据。

另一个数据集用来测试已获得的知识，被称为测试集[6]。如果在训练集中发现的模式对其他数据也是有效的，则此模式是清晰的。

一般情况下，数据库被分为两部分，一部分是训练集，一部分是测试集。数据库中 70% 用作训练集，且用其训练数据挖掘系统。原始数据库的剩余部分则作为测试集，测试从训练集中获取的知识是否合适。

1.3.5 学习

数据挖掘的基础是来自机器学习和统计领域的技术。通过使用数据库（训练集），进行一个学习过程且获得数据库的模式。由此可以考虑学习的两种不同的方法：推理和归纳。推理学习结合数据库中已有的信息去提取存在于数据库中的新信息。一个推理系统通过预先定义的规则集推理数据。

归纳学习是发现存在于不同数据中的隐藏模式，这个模式将导致更多的有意义的一般知识，它是数据挖掘的一个重要手段[7]。就数据挖掘来讲，归纳学习是最适合的，也是最好用的。这是由于用这种方法产生的知识不仅对所用的数据库对象适用，而且对其他数据具有普适性。

通过使用有导师或无导师学习，会帮助解决有关已获知识对系统帮助有多大这一问题。在数据挖掘系统中，有导师学习的基本概念是分类。

1.4 数据挖掘的功能

对一个数据挖掘系统而言，它应该能同时搜索发现多种模式的知识，以满足用户的期望和实际需要。此外，数据挖掘系统应能够挖掘出多种层次（抽象水平）的模式知识，允许用户来指导挖掘搜索有价值的模式知识。由于有些模式并非对数据库中的所有数据都成立，通常每个被发现的模式带上一个确定性或“可信性”度量。数据挖掘的功能以及它们可以发现的模式类型介绍如下：

（1）概念描述。被分析的数据称为目标数据集，对含有大量数据的数据集合进行概述性的总结并获得简明、准确的描述，一般分为定性概念描述和对比概念描述。

（2）关联分析。关联分析就是从给定的数据集中发现频繁出现的项集模式知识，即发现各属性之间的关联关系并用关联规则描述出来（又称关联规则）。

（3）分类和预测。根据一系列已知数据，分类找出一组能够描述并区分数据或概念的模型，以便能够使用模型预测未知的对象类。导出模型是基于训练数据集的分析。例如，指纹识别、人脸识别、工业上故障诊断和商业中的客户识别分类等都是分类问题。

（4）聚类分析。根据物以类聚原则，利用属性特征将数据集合分为由类似的数据组成的多个类的过程称为聚类。即对象的聚类（簇）这样形成，使得在一个聚类中的对象具有很高的相似性，而不在一个聚类中的对象具有很高的非相似性。

（5）趋势分析。对于上面提到的四种功能，事件产生的顺序信息都被忽略，被简化地作为一条静态的记录来对待。而趋势分析是对随时间变化的数据对象的变化规律和趋势进行建模描述，根据前一段时间的运动预测下一个时间点的状态。解决的问题一般可分为两类：总结数据的序列或者变化趋势，如期货交易/预测股票，网页点击顺序记录等；检测数据随时间变化的变化，如自来水厂用水量的日、周、月、年等周期变化。

（6）异类（孤立点）分析。数据集中那些不符合大多数数据对象所构成的规律（模型）的数据对象被称为异类（outlier）。大部分数据挖掘方法将异类视为噪声或异常丢弃。然而，在某些特定应用场合（如商业欺诈行为的自动检测），小概率发生的事件（数据）比经常发生的事件（数据）更有挖掘价值。

（7）演化分析。演化分析是对随时间变化的数据对象的变化规律和趋势进行建模描述，根据前一段时间的运动预测下一个时间点的状态。

1.5 数据挖掘的过程

数据挖掘是指一个完整的过程，该过程从大型数据库中挖掘先前未知的、有效的、可实用的信息，并使用这些信息做出决策或丰富知识。

数据挖掘的一般步骤如图 1 – 1 所示。

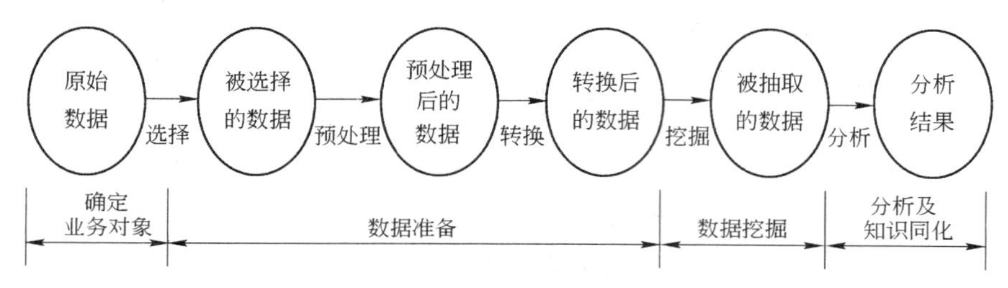

图 1 – 1　数据挖掘过程

数据挖掘过程的各步骤内容如下[8]：

（1）确定业务对象。清晰地定义业务问题，认清数据挖掘的目的是数据挖掘的重要一步。挖掘的最后结果是不可预测的，但要探索的问题应是有预见的，为了数据挖掘而数据挖掘则带有盲目性，是不会成功的。

（2）数据准备。数据准备又分为以下三个方面：数据的选择。根据所要解决的问题，确定待挖掘的目标，并搜索所有与业务对象有关的内部和外部数据信息，从中选择出适用于数据挖掘应用的数据。例如，有一个挖掘目标是提高某产品的产量或质量，则有必要收集整个生产流程工艺数据、原材料配比数据等，用于数据挖掘以获取规则，指导生产。

数据的预处理。研究数据的质量，为进一步分析做准备，并确定将要进行的挖掘操作类型。预处理的成功与否很大程度上决定了后面的知识获取的有效程度。

数据的转换。将数据转换成一个分析模型。这个分析模型是针对挖掘算法建立的。建立一个真正适合挖掘算法的分析模型是数据挖掘成功的关键。

（3）数据挖掘。对所得到的经过转换的数据进行挖掘。除了完善选择合适的挖掘算法外，其余一切工作都能自动地完成。

（4）结果分析。解释并评估结果，主要是对提取的信息知识模式的可靠性、有效性和泛化能力等进行评价。其使用的分析方法一般应视数据挖掘操作而定，通常会用到可视化技术。任何获取的知识模式，要经过评价检验才能判定是否有效，不具有指导性的知识是没有意义的。

(5) 知识的同化。将分析所得到的知识集成到业务信息系统的组织结构中去。

1.6 数据挖掘的分类

数据挖掘是一个交叉学科领域，源于多个学科，因此数据挖掘的研究就产生了大量的、不同类型的数据挖掘系统。根据不同的标准，数据挖掘系统可以分类如下。

1.6.1 根据数据库类型分类

数据挖掘系统可以根据挖掘的数据库类型分类。数据库系统本身也可以根据不同的标准（如数据模型、数据类型等）分类，每一类可能需要自己的数据挖掘技术。例如，如果根据数据模型分类，可以分为关系的、事务的、面向对象的、对象—关系的或数据仓库的数据挖掘系统；如果根据所处理的数据特定类型分类，可以分为空间的、时间序列的、文本的、多媒体的或 WWW 数据挖掘系统。

1.6.2 根据知识类型分类

数据挖掘系统可以根据挖掘的知识类型分类，即根据数据挖掘的功能分类，如特征化、区分、关联、分类聚类、孤立点分析和演变分析等。一个全面的数据挖掘系统应该提供多种和/或集成的数据挖掘功能。

此外，数据挖掘系统可以根据所挖掘的知识的粒度或抽象层进行分类，包括概化知识（在高抽象层）、原始层知识（在原始数据层）、多层知识（考虑若干抽象层）。一个高级数据挖掘系统应该支持多抽象层的知识发现。

1.6.3 根据技术分类

数据挖掘系统可以根据所用的数据挖掘技术分类。这些技术可以根据用户交互程度（如自动系统、交互探查系统、查询驱动系统）或所用的数据分析方法（如面向数据库或数据仓库的技术、机器学习、统计学、可视化、模式识别等）描述。复杂的数据挖掘系统通常采用多样的、有效的、集成的数据挖掘技术。

1.6.4 根据应用分类

数据挖掘系统可以根据其应用分类。例如，可能有些数据挖掘系统特别适合金融、电信、股票等。不同的应用通常需要集成对于该应用特别有效的方法。因此，普通的、全能的数据挖掘系统可能并不适合特定领域的挖掘任务。

1.7 数据挖掘的方法

数据挖掘中采用的方法综合了数据库、人工智能、统计学、模式识别、机器学习、数据分析等领域的研究成果。现有的数据挖掘方法主要有以下几种[9]。

1.7.1 决策树方法

利用信息论中的互信息（信息增益）寻找出数据集中具有最大信息的字段，建立决策树中的每一个结点，再根据字段的不同取值建立树的分支的过程，即建立决策树。国际上最有影响的决策树方法是 Quinlan 研究的 ID3 方法。

1.7.2 神经网络方法

神经网络方法模拟人脑神经元结构，以 MP 模型和 Hebb 学习规则为基础，建立了三大类神经网络模型：

前馈式网络——以反向传播模型、函数型网络为代表，用于预测、模式识别等方面；

反馈式网络——以 Hopfield 离散模型和连续模型为代表，分别用于联想记忆和优化计算；

自组织网络——以 APT 模型、Koholon 模型为代表，用于聚类。

1.7.3 模糊集方法

模糊集方法是利用模糊集合理论对实际问题进行模糊评判、模糊决策、模糊模式识别和模糊聚类分析。模糊性是客观存在的，系统的复杂性越高，模糊性越强，这是 Zadeh 总结出的互克性原理。

1.7.4 遗传算法

遗传算法是模拟生物进化过程的算法，由三个基本算子组成：（1）选择，是指从一个旧种群（父代）中选出生命力强的个体，产生新种群（后代）的过程；（2）杂交，是选择两个不同的个体的部分进行交换，形成新的个体；（3）变异，对某些个体的某些基因进行变异。

遗传算法已在优化计算和分类机器学习等方面发挥了显著的作用。

1.7.5 统计分析方法

在数据库字段项之间存在两种关系：函数关系（能用函数公式表示的确定性

关系）和相关关系（不能用函数公式表示，但仍是相关确定性关系），对它们的分析可采用统计学方法，即利用统计学原理对数据库中的信息进行分析。可进行常用统计、回归分析、相关分析、差异分析等。

1.7.6 粗糙集方法

粗糙集理论是20世纪80年代初Z. Pawlak针对G. Firege的边界域思想提出的，基于给定训练数据内部的等价类，用上下近似集合来逼近数据库中的不精确概念。用于分类，可以发现不准确数据或噪声数据内在的结构联系；用于特征归约，可以识别和删除无助于给定训练数据分类的属性；用于相关分析，可以根据分类任务评估每个属性的贡献或意义。其主要思想是在保持分类能力不变的前提下，通过知识约简，导出问题的决策或分类规则。

此外，数据挖掘方法还有云理论、统计分析、值预测等。数据挖掘是数据领域中一个高速发展的分支，很多领域的知识和理论广泛地应用到数据挖掘的研究中，结合实际需要，往往能开发出更高效的算法。

1.8 数据挖掘的应用分析

数据挖掘技术已经在很多领域得到了应用，虽然这些应用可能是初步的，但是它们反映了数据挖掘技术的应用趋势。

1.8.1 数据挖掘在体育竞技中的应用

数据挖掘在体育竞技中得到过应用。例如，被美国NBA教练广泛使用的Advanced Scout，是由IBM公司开发的数据挖掘应用软件。据说，Scout帮助魔术队成功分析了不同队员的布阵相对优势，并且找到了战胜迈阿密热火队的方法。

1.8.2 数据挖掘在商业银行中的应用

在美国银行和金融领域中数据挖掘技术被广泛应用。金融事务需要搜集和处理大量数据，并对这些数据进行分析，可以发现潜在的客户群、评估客户的信息等。例如，美国Firstar银行等使用Marksman数据挖掘工具，可以依据消费者的家庭贷款、储蓄、赊账卡、投资产品等信息将客户分类，从而预测何时向哪类客户提供哪种产品。另外，近年来在信用记分的研究和应用方面也取得了可喜的进步。Credit Scoring技术就是利用所掌握的客户基本资料、资产以及以往信用情况等，对贷款客户进行评估，做出最有利于银行的决定。

数据挖掘技术在银行等金融方面的应用还突出表现在以下的领域：

（1）金融投资。典型的金融分析领域有投资评估和股票交易市场预测，分析方法一般采用模型预测法（如统计回归技术或神经网络）。此方面的系统有

Fidelity Stock Selector 和 LBS Capital Management。前者的任务是使用神经网络模型选择投资，后者是使用了专家系统、神经网络和基因算法技术辅助管理多达6亿美元的有价证券。

（2）欺诈甄别。银行或商业上经常发生诈骗行为，如恶性透支等。此方面成功应用的系统有 FALCON 系统和 FAIS 系统。FALCON 是 HNC 公司开发的信用卡欺诈评估系统，它已被很多零售银行所采用，被用于探测可疑的信用卡交易。FAIS 是一个识别和洗钱有关的金融交易系统，它使用的是一般的政府数据表单。

1.8.3 数据挖掘在电信中的应用

数据挖掘技术在电信行业中也得到了广泛的应用。这些应用可以帮助电信企业制定合理的电话收费和服务标准，针对客户群的优惠政策、防止欺诈费用等行为。

1.8.4 数据挖掘在科学探索中的应用

数据挖掘在生物学中的应用主要集中于分子生物学，特别是基因工程的研究。近几年，基因数据库搜索技术通过用计算生物分子系列分析方法已在基因研究基础上有了很多重大发现。例如，DNA 序列分析被认为是人类征服顽疾的最有前景的攻关课题。然而，DNA 序列的构成是复杂多样的，数据挖掘技术的应用可能为发现特殊疾病蕴藏的基因排列信息等提供新的解决途径。数据挖掘在分子生物学上的工作可分为两种：一种是从各种生物体的 DNA 序列中定位出具有某种功能的基因串；另一种是在基因数据库中搜索与某种具有高阶结构（不是简单的线性结构）或功能的蛋白质相似的高阶结构序列。此方面的程序有 GRAIL、GeneID、GeneParser、GenLang、FGENEH、Genie 和 EcoParse 等。

在天文学上数据挖掘有一个非常著名的应用系统——SKICAT（Sky Image Cataloging and Analysis Tool），它是加州理工学院喷气推进实验室与天文科学家合作开发的用于发现遥远的类星体的一个工具。SKICAT 的任务是使用决策树方法构造星体分类器对星体进行分类，结果使得能分辨的星体较以前的方法在亮度上至少要低一个数量级，而且新的方法比以往方法的效率要高 40 倍以上。

1.8.5 数据挖掘在信息安全中的应用

随着网络上需要进行存储和处理的敏感信息日益增多，安全问题逐渐成为网络和系统中的首要问题。随着信息安全的概念和实践不断深化和扩展，现代信息安全的内涵已经不仅仅局限于信息的保护，而是对整个信息系统的保护和防御，包括对信息的保护、检测、反映和恢复能力等。传统的信息安全系统概括性差，只能发现已知的、模式规定的入侵行为，难以发现新的入侵行为。人们希望能够对审计数据进行自动的、更高抽象层次的分析，从而提取出具有概括性的、代表性的系统特征模式，以便减轻人们的工作量，并能自动发现新的入侵行为。数据挖掘正是具有此功能的一种技术。利用数据挖掘技术，可以以一种自动和系统的手段建立一套自适应的、具备良好扩展性的入侵检测系统，克服传统入侵检测系统的适应性和扩展性差的缺点，大大提高了检测和响应的效率和速度。

数据挖掘还有很多其他应用领域，分析这些应用的目的是为了说明其高可用性以及高挑战性，数据挖掘必须与实际应用领域结合研究才具有生命力。因此，分析这些应用是为了帮助读者更好地直观理解数据挖掘技术以及应用。

1.9 数据挖掘的发展趋势与面对的问题

经过多年的研究与实践，数据挖掘技术已经汲取了很多学科的最新研究成果，形成了独具特色的研究分支。毫无疑问，数据挖掘技术的研究和应用具有很大的挑战性。数据挖掘技术的发展历程与其他新技术一样，必须经过概念提出、概念接受、广泛研究和探索、逐步应用和大量应用等阶段。从目前的发展情况看，大部分学者仍然认为数据挖掘的研究处于广泛研究和探索阶段。一方面，数据挖掘的概念应该被广泛接受。在理论上，提出了一批具有挑战性和前瞻性的问题，吸引了越来越多的研究者。另一方面，数据挖掘的大面积广泛应用还有待发展，需要深入研究和积累丰富的工程实践。

随着数据挖掘技术在学术界和工业界的影响越来越大，研究向着深入和实用技术方向发展。所涉及的研究领域很多，主要集中在算法学习、实际应用和有关数据挖掘理论等方面。其中，大多数的基础研究项目是有政府资助进行的，而公司的研究更注重和实际商业问题相结合。

分析目前的研究现状和发展趋势，数据挖掘在以下几个方面需要重点开展工作[10]：

（1）数据挖掘技术与特定商业逻辑的平滑集成问题。谈及数据挖掘与知识发现问题，大多数人们引用“啤酒与尿布”的例子。实际上，目前数据挖掘的确很难找到其他合适的经典实例。数据挖掘与知识发现问题的广泛应用前景，需要有效的和显著的应用实例来证明。因此，包括领域知识对行业或企业知识挖掘的约束和指导、商业逻辑有机嵌入数据挖掘过程等关键课题，将是数据挖掘与知识发现问题研究和应用的重要方向。

（2）数据挖掘技术与特定数据存储类型的适应问题。数据存储方式的不同会影响数据挖掘的具体实例机制、目标定位、技术有效性等。采用一种通用的应用模式来适合所有的数据存储方式，进而发现有效知识的过程是不现实的。因此，针对不同数据类型的存储特点，进行针对性研究是目前流行、也是将来一段时间内所必须面对的问题。

（3）大型数据的选择与规格化问题。数据挖掘技术是面向大型数据集的，而且源数据库中的数据是动态变化的，数据存在噪声、不确定性、信息丢失、信息冗余、数据分布稀疏等问题。因此，挖掘前的预处理工作是必需的。数据挖掘技术又是面向特定商业目标的，大量的数据需要选择性的使用。因此，针对特定挖掘任务进行数据选择、针对特定挖掘方法进行数据规格化是无法避免的问题。

（4）数据挖掘系统的构架与交互式挖掘技术。经过多年的研究与探索，数据挖掘系统的基本构架和过程已经趋于明朗，但是受应用领域、挖掘数据类型以及知识表达模式等的影响，在具体的实现机制、技术路线以及各阶段（如数据清洗、知识形成、模式评估等）的功能定位等方面仍需要细化和深入研究。由于数据挖掘是在大量的源数据集中发现潜在的、事先并不知道的知识，所以和用户交互式进行探索性挖掘是必然的。这种交互可能发生在数据挖掘的各个不同阶段，从不同角度或不同层次进行交互。因此，良好的交互式挖掘也是数据挖掘系统成果的前提。

（5）数据挖掘语言与系统的可视化问题。对联机事务处理（OLTP，On - Line Transaction Processing）应用来说，结构化查询语言 SQL 已经得到充分发展，并成为支持数据库应用的重要基石。但是，对于数据挖掘技术而言，由于诞生的较晚，加之其应用的复杂性，开发相应的数据挖掘操作语言依然是一件极富挑战性的工作。可视化要求已经成为目前信息处理系统必不可少的技术，对于一个数据挖掘系统来说，它是极其重要的。可视化挖掘除了要和良好的交互式技术相结合外，还必须在挖掘结果或知识模式的可视化、挖掘过程的可视化以及可视化指导用户挖掘等方面进行探索和实践。数据的可视化从某种角度说起到了推动人们主动进行知识发现的作用，所以它可以是人们从对数据挖掘技术的神秘感受变成可以直观理解的知识和形象的过程。

（6）数据挖掘理论与算法研究。经过多年的研究与探索，数据挖掘已经在继承和发展相关基础学科（如机器学习、统计学等）已用成果方面取得了可喜的进步，研究出了许多独具特色的理论体系。但是，这绝不意味着挖掘理论的探索已经结束，正好相反它留给了研究者丰富的理论课题。一方面，在这些大的理论框架下有许多面向实际应用目标的挖掘理论等待探索和创新。另一方面，随着数据挖掘技术本身和相关技术的发展，新的挖掘理论的诞生是必然的，而且可能对特定的应用产生推动作用。新理论的发展必然促进新的挖掘算法的产生，这些算法可能扩展挖掘的有效性，如针对数据挖掘的某些阶段、某些数据类型、大容量源数据集等更有效；可能提高挖掘的精度或效率；可能融合特定的应用目标，如电子商务等。因此，对数据挖掘理论和算法的探讨将是长期而艰巨的任务。

以上问题是数据挖掘技术未来发展的主要需求和挑战。在近来的数据挖掘研究和开发中，一些挑战也已经受到一定程度的关注，并考虑到了各种需求，而另一些仍处于研究阶段。然而，这些问题将继续刺激进一步的研究和改进。

参考文献

[1] Shortland R, Scarfe R. Digging for Gold [J]. IEE Review, 1995, 41 (5): 213~217.

[2] 杨杰，姚莉秀. 数据挖掘技术及其应用 [M]. 上海：上海交通大学出版社，2011.

[3] 韩家炜. 数据挖掘中的知识分类 [M]. 上海：复旦大学出版社，1999：16~18.

[4] 王立伟. 数据挖掘研究现状综述 [J]. 图书与情报，2008，5：41~46.

[5] 韩家炜，坎伯. 数据挖掘概念与技术 [M]. 北京：机械工业出版社，2007.

[6] YAO Y Y. Relation Interpretation of Neighborhood Operators and Rough Set Approximation [J]. Information Science, 1998, 111: 239~259.

[7] Usama Fayyad, Gregory Piatetsky-Shapiro, Padhraic Smyth. The KDD Process for Extracting Useful Knowledge from Volumes of Data [J]. Communications of the ACM, 1996, 39 (11): 27~34.

[8] 关德君. 数据挖掘综述 [J]. 电大理工，2009，239 (6)：33~34.

[9] 夏春艳. 基于粗集属性约简的数据挖掘技术的研究与应用 [D]. 长春：长春理工大学，2004.

[10] 毛国君，段立娟，等. 数据挖掘原理与算法 [M]. 北京：清华大学出版社，2006.

2 数　　据

本章讨论与数据相关的一些问题，它们对于成功的数据挖掘是至关重要的。

2.1 数据类型

数据集的不同表现在多方面。例如，用来描述数据对象的属性可以具有不同的类型——定量的或定性的，并且数据集可能具有特定的性质。例如，某些数据集包含时间序列或彼此之间具有明显联系的对象。毫无疑问，数据的类型决定可以使用何种工具和技术来分析数据。另外，新的数据挖掘研究常常是由适应新的应用领域和新的数据类型的需要推动的。

数据集可以看作是数据对象的集合。数据对象的其他名字是记录、点、向量、模式、事件、案例、样本、观察或实体。数据对象用一组刻画对象基本特性（如物体质量或事件发生时间）的属性描述[1]。属性的其他名字是变量、特性、字段、特征或维。

例 2－1 数据集是一个对象，其中对象是文件的记录（或行），而每个字段（或列）对应于一个属性。例如表 2－1，包含学生信息的数据集。每行对应于一个学生，而每列是一个属性，描述学生的某一方面，如学号和姓名等。

表 2－1 包含学生信息的样本数据集

Stu_ id	Name	Sex	…
…	…	…	…
201201001	陈磊	男	…
201202005	周平	女	…
201203012	王艳	女	…
…	…	…	…

虽然基于记录的数据集在平展文件或关系数据库系统中都是常见的，但是数据集和存储数据的系统还有其他重要的类型。在本节中，先讨论属性，然后讨论数据挖掘经常遇到的其他类型的数据集。

2.1.1 属性与度量

本小节主要讨论使用何种类型的属性描述数据对象来处理数据的问题。

2.1.1.1 属性

属性是对象的性质或特性，它因对象而异，或随时间而变化。例如，眼球颜色因人而异，物体的温度随时间而变。注意：眼球颜色是一种符号，具有少量可能的值｛棕色，黑色，蓝色，绿色，…｝，而温度是数值属性，可能具有无穷多个值。

在最基本的层面，属性并非数与符号。然而，为了讨论和更精细地分析对象的特性，需要将数与符号赋予属性。为了一种明确定义的方式，需要测量标度这个概念。

测量标度是将数值或符号值与对象的属性相关联的规则（函数）。形式上，测量过程是使用测量标度将一个值与一个特定对象的特定属性相关联。尽管有些抽象，但是任何时候都是在进行这样的测量过程。例如，学生分为男女；掷骰子出现的点数。在所有这些情况下，一个对象属性的“物理值”都被映射到一个数值或符号值。

在此基础上，讨论属性类型，对于确定特定的数据分析技术是否与特定的属性类型一致非常重要。

2.1.1.2 属性类型

从上面的讨论可知，属性的性质可以与度量它的值的性质不同。换句话说，用来代表属性的值可能具有不同于属性本身的性质，反之亦然。下面举例说明。

例 2－2 学生信息中学号与年龄属性。这两个属性都可以用整数来表示。然而，谈论学生的平均年龄是有意义的，但是谈论学生的平均学号是毫无意义的。实际上，学号属性所表达的意义是希望所有学生的标识不同，能够确定学生的唯一身份，其合法操作是判断它们是否相等。事实上，对于学生学号属性使用整数表示时，并没暗示其整数限制。对于年龄属性使用整数表示时，整数性质与该属性的性质大同小异。尽管如此，这种对应并不完全。例如，年龄有最大值，而整数没有。

属性的类型反映的是测量值的哪些性质与属性的基本性质是一致的。通常将属性的类型称作测量标度的类型。

2.1.1.3 属性的不同类型

一种指定属性类型的简单方法是确定对应于属性基本性质的数值的性质。例如，长度的属性可以有数值的许多性质。按照长度比较和确定对象的序，以及谈论长度的差和比例是有意义的。数值的如下操作（性质）经常用来描述属性：

（1）相异性：＝和≠。

（2）序：<、≤、>和≥。

（3）加法：＋和－。

（4）乘法：×和/。

根据这些性质可以定义四种属性类型：标称（nominal）、序数（ordinal）、区间（interval）和比率（ratio）。这些类型的定义以及每种类型上合法的统计操作等信息见表2－2。每种属性类型拥有其上方属性类型上的所有性质和操作。因此，对于标称、序数和区间属性合法的任何性质或操作，对于比率属性也合法。换句话说，属性类型的定义是累积的。

表2－2　属性类型的定义

属性类型		描　述	例　子	操　作
分类的（定性的）	标称	标称属性的值仅仅只是不同的名字，即标称值只提供足够的信息以区分对象（=，≠）	邮政编码、学生学号、眼球颜色、性别	众数、熵、列联相关、χ^2 检验
	序数	序数属性的值提供足够的信息确定对象的序（<，>）	病虫害等级（高，中，低）、学生成绩、街道号码	中值、百分位、秩相关、符号检验
数值的（定量的）	区间	对于区间属性，值之间的差是有意义的，即存在测量单位（+，－）	日历日期、摄氏或华氏温度	均值、标准差、皮尔逊相关、t 和 F 检验
	比率	对于比率变量，差和比率都是有意义的（×，/）	绝对温度、货币量、计数、年龄、质量、长度	几何平均、调和平均、百分比遍差

标称和序数属性统称为分类的（categorical）或定性的（qualitative）属性。定性属性（如学生学号）不具有数的大部分性质。即使使用数字表示，也只代表符号一样的意义。区间和比率属性统称为数值的（numeric）或定量的（quantitative）属性。定量属性用数字表示，并且具有数的大部分性质。需要注意的是，定量属性可以是整数值也可以是连续值。

属性的类型可以用不改变属性意义的变换来描述。事实上，心理学家 S. Smith Stevens 最先用允许的变换（permissible transformation）定义了属性的类型。例如，如果长度用米而不用英尺度量，长度属性的意义并未改变。

对特定的属性类型有意义的统计操作是当使用保持属性意义的变换对属性进行变化时产生相同的结果。例如，用米和英尺为单位进行度量时，同一组对象的平均长度数值是不同的，但是两个平均值都代表相同的长度。表2－3给出了表2－2中四种属性类型允许的（保持意义的）变换。

表 2-3 属性类型的定义

<table>
<tr><th colspan="2">属性类型</th><th>变 换</th><th>注 释</th></tr>
<tr><td rowspan="2">分类的（定性的）</td><td>标称</td><td>任何一对一变换，例如值的一个排列</td><td>如果所有学生的学号都重新赋值，不会导致任何不同</td></tr>
<tr><td>序数</td><td>值的保序变换，即新值 = f（旧值），其中 f 是单调函数</td><td>包括概念高、中、低的属性可以完全等价地用值 {1，2，3} 表示</td></tr>
<tr><td rowspan="2">数值的（定量的）</td><td>区间</td><td>新值 = a × 旧值 + b，其中 a、b 是常数</td><td>华氏和摄氏温度标度零度的位置和 1 度的大小（单位）不同</td></tr>
<tr><td>比率</td><td>新值 = a × 旧值</td><td>长度可以用米或英尺度量</td></tr>
</table>

例 2-3 温度标度。温度可以是区间属性也可以是比率属性，这取决于其测量标度。当温度用绝对标度测量时，从物理意义上讲，2K 的温度是 1K 的两倍。当温度用华氏或摄氏标度测量时并非如此，因为物理上华氏（摄氏）2 度温度与华氏（摄氏）1 度温度相差并不太多。问题是从物理意义上讲，华氏和摄氏标度的零点是硬性规定的，所以华氏或摄氏温度的比率并无物理意义。

2.1.1.4 用值的个数描述属性

属性可能取值的个数是区分属性的一种独立方法。

A 离散的（discrete）

离散属性具有有限个或可数无限个值。离散的属性是可分类的，如邮政编码或学生学号；或者是数值的，如计数。一般情况，离散属性用整数变量表示。二元属性（binary attribute）是离散属性的一种特殊情况，只接受两个值，如真/假、是/否、0/1。一般情况，二元属性用布尔变量表示，或者只用两个值 0 或 1 的整型变量表示。

B 连续的（continuous）

连续属性是取实数值的属性。例如，温度、高度和重量等属性。一般情况，连续属性用浮点变量表示。实际中，实数值只能用有限的精度测量和表示。

从理论上讲，任何测量标度类型（标称、序数、区间和比率）都可以与基本属性值个数的任意类型（二元的、离散的或连续的）组合。然而，有些组合并不常出现，或者没有什么意义。例如，一个实际数据集包含连续的二元属性。通常，标称和序数属性是二元或离散的，而区间和比率属性是连续的。

2.1.1.5 非对称的属性

对于非对称的属性（asymmetric attribute），出现非零属性值才是重要的。

例 2-4 考虑数据集，其中每个对象是一个学生，而每个属性记录学生是否选修大学的某个课程。对于某个学生，如果他选修了对应于某属性的课程，该属性取值为1，否则取值为0。由于学生只选修可选课程中很小的一部分，所以这种数据集中的大部分值为0。

因此，关注非零值将更有意义、更有效。例如，如果课程很多，学生在不选修的课程上比较，则大部分学生都非常相似。只有非零值才重要的二元属性是非对称的二元属性（asymmetric binary attribute）。这种属性对于关联分析特别重要。也能有离散的或连续的非对称特征。例如，记录每门课程的学分，则结果数据集将包含非对称的离散属性或连续属性。

2.1.2 数据集的类型

数据集的类型有很多种，并且随着数据挖掘技术的发展与成熟，更多类型的数据集将用于分析。为方便起见，将数据集类型分为三组：记录数据、基于图形的数据和有序的数据。这些分类并不能涵盖所有的可能，可能存在其他的分组。

2.1.2.1 数据集的一般特性

在讨论特定类型数据集之前，先讨论适用于多数数据集并对所使用的数据挖掘技术具有重要影响的三个特性：维度、稀疏性和分辨率。

A 维度

数据集的维度是指数据集中对象具有的属性数目。低维度数据往往与中、高维度数据有质的不同。分析高维度数据的困难有时称为维灾难（curse of dimensionality）。正因如此，数据预处理的一个重要动机就是数据归约。这些问题在本章的后面将继续讨论。

B 稀疏性

对于一些数据集（如具有非对称特征的数据集），一个对象的大部分属性上的值都是0。在这种情况下，非零项很少。事实上，稀疏性是一个优点，因为只有非零值才需要存储和处理。这样可以节省大量的计算时间和存储空间。另外，有些数据挖掘算法仅适合处理稀疏数据。

C 分辨率

通常可以在不同的分辨率下得到数据，而且在不同的分辨率下数据的性质也可能不同。例如，在数米的分辨率下地球表面看上去很不平坦，但在数十里的分布率下地球表面看上去却相对平坦。同时，数据的模式也依赖于分辨率。如果分辨率太高，模式可能看不到，或者掩埋在噪声中；如果分辨率太低，模式可能不出现。例如，小时标度下的气压变化反应风暴或其他天气系统的移动，在月标度下这些现象就检测不到。

2.1.2.2 记录数据

多数数据挖掘任务都假定数据集是记录（数据对象）的汇集，每个记录包含固定的数据字段（属性）集。对于记录数据的大部分基本形式，记录之间或数据字段之间没有明显的联系，并且每个记录（对象）具有相同的属性集。记录数据通常存放在关系数据库或平展文件中。关系数据库不仅仅是记录的汇集，还包含更多的信息，但是数据挖掘一般并不使用关系数据库的更多信息。确切地说，数据库是充当查找记录的方便场所。下面介绍不同类型的记录数据。

A 事务数据

事务数据（transaction data）是一种特殊类型的记录数据，其中每个记录即事务涉及一个项的集合。例如，一个杂货店。顾客一次购物所购买的商品的集合就构成了一个事务，而购买的商品就是项。这种类型的数据也称作购物篮数据（market basket data），因为一个顾客购物篮中的商品是记录中的项。事务数据是项的集合的集族，但是也能将其视为记录的集合。其中，记录的字段是非对称的属性。一般情况，这些属性是二元的，指出商品是否已买。更一般的情况，这些属性可以是离散的或连续的。例如，表示购买商品的数量或者购买商品的花费。

B 数据矩阵

一个数据集族中的所有数据对象都具有相同的数值属性集，则数据对象可以看作多维空间中的点（向量）。其中，每个维代表描述对象的一个不同属性。这种数据对象集可以用一个 $m \times n$ 的矩阵表示。其中，m 行，一个对象一行；n 列，一个属性一列。反过来亦然，即可以用列表示数据对象，用行表示属性。这种矩阵称作数据矩阵（data matrix）或模式矩阵（pattern matrix）。数据矩阵是记录数据的变体，由于它由数值属性组成，所以可以使用标准的矩阵操作对数据进行变换和操纵。因此，对于大部分统计数据，数据矩阵是一种标准的数据格式。

C 稀疏数据矩阵

稀疏数据矩阵是数据矩阵的一种特殊情况。其中，属性的类型相同并且是非对称的，即只有非零值才是重要的。例如，仅含 0－1 元素的事务数据就是一个稀疏数据矩阵。另一个常见的例子是文档数据。特别地，如果忽略文档中词的次序，则文档可以用词向量来表示。其中，每个词是向量的一个分量（属性），而每个分量的值是对应词在文档中出现的次数。文档集合的这种表示通常称作文档—词矩阵（document－term matrix）。实际中，仅存放稀疏数据矩阵的非零项。

2.1.2.3 基于图形的数据

通常，图形可以方便而有效地表示数据。我们仅考虑两种特殊情况：图形捕获数据对象之间的联系和数据对象本身用图形表示。

A 带有对象之间联系的数据

对象之间的联系常常附带重要的相关信息。在这种情况下，数据常常用图形表示。特殊地，数据对象映射到图的结点，而对象之间的联系用对象之间的链和诸如权重、方向等链性质表示。例如，万维网上的网页，页面上包含文本和指向其他页面的链接。为了处理搜索查询，Web 搜索引擎收集并处理网页，提取相关的内容。众所周知，指向或出自某个页面的链接为查询提供关于 Web 相关性的大量有用信息，所以尤为重要。

B 具有图形对象的数据

如果对象具有结果，即对象包含具有联系的子对象，则这样的对象通常用图形表示。例如，化合物的结构可以用图形表示。其中，结点是原子，结点之间的链是化学键。图形表示使得可以确定何种子结构频繁地出现在化合物的集合中，并且查明这些子结构中是否有某种子结构与诸如生成热或熔点等特定的化学性质有关。

2.1.2.4 有序数据

对于某些数据类型，属性具有涉及时间或空间序的联系。下面介绍有序数据的不同类型。

A 时序数据

时序数据（sequential data）也称时间数据（tempora data），可以看作记录数据的扩充。其中，每个记录包含一个与之相关联的时间。例如，考虑存储事务发生时间的零售事务数据。时间信息可以使得我们发现如“万圣节前夕糖果销售高峰”形式的模式。时间也可以与每个属性相关联。例如，每位顾客的购物历史是一条记录，包含不同时间购买的商品列表。使用这些信息，可以发现如“购买 DVD 播放机的人趋向于在买后不久购买 DVD”形式的模式。

例 2－5 顾客在特定时间购买商品。5 个不同的时间：*T*1、*T*2、*T*3、*T*4 和 *T*5；三位不同的顾客：*C*1、*C*2 和 *C*3；5 种不同的商品：*A*、*B*、*C*、*D* 和 *E*。时序事务数据见表 2－4，在表中的每行对应一位顾客在特定的时间购买的商品。例如，在表 2－4（a）中，在时间 *T*3，顾客 *C*2 购买了商品 *A* 和 *D*。在表 2－4（b）中，显示相同的信息，但每行对应一位顾客。每行包含与该顾客有关的每个事务信息。其中，一个事务包含一个商品的集合和购买这些商品的时间。例如，顾客 *C*3 在时间 *T*2 购买了商品 *A* 和 *C*。

表 2－4（a） 时序事务数据表

时 间	顾 客	购买商品
*T*1	*C*1	*A*、*B*
*T*2	*C*3	*A*、*C*
*T*2	*C*1	*C*、*D*
*T*3	*C*2	*A*、*D*
*T*4	*C*2	*E*
*T*5	*C*1	*A*、*E*

表 2-4（b） 时序事务数据表

顾 客	购买时间与购买商品
*C*1	(*T*1: *A*、*B*) (*T*2: *C*、*D*) (*T*5: *A*、*E*)
*C*2	(*T*3: *A*、*D*) (*T*4: *E*)
*C*3	(*T*2: *A*、*C*)

B 序列数据

序列数据（sequence data）是一个数据集合，它是个体项的序列，如词或字母的序列。序列数据与时序数据非常相似，但是它没有时间戳。作为替换，有序序列中是有位置的。例如，动植物的遗传信息可以用称作基因的核苷酸的序列表示。与遗传序列数据有关的很多问题都涉及由核苷酸序列的相似性预测基因结构和功能的相似性。

C 时间序列数据

时间序列数据（time series data）是一种特殊的时序数据。其中，每个记录都是一个时间序列（time series），即一段时间的测量序列。例如，金融数据集可能包含各种股票日价格的时间序列对象。在分析时间数据时，重要的是要考虑时间自相关（temporal autocorrelation），即如果两个测量的时间很接近，这些测量的值通常非常相似。

D 空间数据

某些对象除了具有上述类型的属性外，还具有空间属性，如位置或区域。例如，从不同的地理位置收集的气象数据（降水量、气温、气压）。空间数据的一个重要特点是空间自相关性（spatial autocorrelation），即物理上靠近的对象趋向于在其他方面也相似。例如，地球上相互靠近的两个点通常具有相似的气温和降水量。

2.1.2.5 非记录数据

大多数数据挖掘算法都是为记录数据或其变体（如数据矩阵和事务数据）设计的。通过从数据对象中提取特征，并创建对应于每个对象的记录，面向记录的技术也可以用于非记录数据。例如，化学结构数据。给定一个常见的子结构集合，每个化合物都可以用一个具有二元属性的记录表示，而这些二元属性指出化合物是否包含特定的子结构。这种表示实际上是事务数据集，事务表示化合物，而项是子结构。

在某些情况下，容易用记录形式表示数据，但是这种表示并不能捕获数据中的所有信息。对于这样的时间空间数据，它由空间网格每一点上的时间系列组成。一般情况，这种数据存放在数据矩阵中。其中，每行代表一个位置，而每列代表一个特定的时间点。但是，这种表示并不能明确地表示属性之间存在的时间联系以及对象之间存在的空间联系。实际上，这并不意味着这种表示不合适，而是说分析时必须考虑这些联系。例如，在使用数据挖掘技术时，假定属性之间在统计上是相互独立的并不是一个好的想法。

2.2 数据预处理

数据挖掘技术处理的是大量的日常业务数据，但知识和信息提取的源泉是原始业务数据，现实世界的数据通常存在噪声、不完整和不一致等现象。这些现象的存在势必对数据挖掘的知识规则提取产生干扰。数据预处理技术可以改进数据的质量，从而有助于提高其后的挖掘过程的精度和性能。由于高质量的决策必然依赖于高质量的数据，因此数据预处理是知识发现过程的重要步骤。

数据预处理的目标就是接受并理解客户的挖掘需求，明确挖掘任务，抽取与任务相关的知识源，根据背景知识中的约束性规则对原始数据进行检查，通过清理和归约等操作，生成供挖掘核心算法使用的目标数据。

数据预处理是一个广泛的领域，包含大量以复杂的方式相关联的不同策略和技术。它根据应当采用哪些预处理步骤，使得数据更加适合挖掘，讨论一些重要的思想和方法。

2.2.1 数据清理

数据清理主要解决的问题是样本的不完整、噪声和不一致的问题，以优化样本，提高其后的挖掘过程的精度和性能[2]。本节重点研究数据清理的基本方法。

2.2.1.1 不完整数据

数据挖掘面向的是现实世界数据，由于现实记录的某些特殊原因，会导致一些记录的不完整（缺失），因此有必要对不完整的数据进行预处理。

如果挖掘的目标存在海量的相关数据，删除不完整样本的记录后不会影响统计结果和数据内部的结构，则可以把不完整数据的记录直接删除。如果数据记录规模很小，可采用填补缺失的方法进行弥补。

填补缺失数据的方法可选用下面几种自动填补：

（1）忽略元组。当类标号缺少时通常这样做（假定挖掘任务涉及分类或描述）。除非元组有多个属性缺少值，否则该方法不是很有效。当每个属性缺少值的百分比变化很大时，它的性能非常差[3]。

（2）人工填写。通常方法很费时，特别当数据集很大、缺少值很多时，人工填写方法可能会行不通。

（3）全局变量填充。将缺少的属性值用同一个全局常量替换。如果缺少值都用同一个常量替换，挖掘程序可能误以为它们形成了一个现实的概念，因为他们都有相同的值。因此，尽管该方法简单，但并不推荐它。

（4）平均值填充。使用属性的平均值填充缺少值。

（5）样本均值填充。使用与给定元组属于同一类的所有样本的均值填充缺少值。

（6）回归方法。对于某个存在缺失记录的属性，通过该属性与其他属性间的内在联系，把缺失数据作为未知样本，对已知数据用线性或非线性的回归总结该属性与其他属性的相关性，进而以预报未知的方式对缺失数据进行填补。

2.2.1.2 噪声数据

噪声是在测量过程中产生的随机错误或偏差。噪声数据的存在会使数据挖掘结果泛化能力低，严重者会导致错误知识的发现，误导实际操作，所以噪声的发现与处理是数据清理过程的重要内容。对此问题的解决也远比不完整数据复杂得多，通常可通过两种途径来解决：

（1）数据平滑化。数据平滑化并非删除噪声，而是消弱噪声的影响。其原理为“属性值相近的记录，其目标值也不会有太大的差异”。韩家炜先生在其专著《数据挖掘概念与技术》里讲解了一种数据平滑化方法——分箱法[2]，即通过考察“邻居”（即周围的值）来平滑存储数据的值。存储的值被分布到一些箱中，由于分箱方法参考相邻的值，因此它进行的是局部平滑。分箱法是针对排序好的数据进行处理，包括等宽和等深两种方法。等宽分箱法是使得分到每个箱中的数据个数相同；等深分箱法是根据箱的个数得出固定的宽度，使得分到每个箱中的数据个数不一定相等。

（2）噪声删除。噪声处理的另外一种常用方法是发现噪声然后进行删除或者做特例化处理。发现噪声的方法有以下几种：1）人为观察，凭着专家或有经验人员的观察初步删除一些错误明显的记录；2）聚类，将数据进行无监督聚类，离散在外面的不能聚类的记录被认为是离异点，可作为噪声处理；3）回归，对属性集和目标进行拟合，实际值与拟合值偏差大的就认为是噪声；4）类型隶属度[4]，针对类型训练的样本，如果已知的每一个训练样本的类型是正确的，则它应出现在同类样本聚集的空间，如果出现在异类空间，则属于噪声。

2.2.1.3 不一致数据

对于某些事务，记录的数据可能存在不一致。有些数据的不一致可以人工地加以更正。例如，输入数据时出现的错误可以使用纸上的记录加以更正。知识工程工具也可以用来检测违反限制的数据。例如，已知属性间的函数依赖，可以查找违反函数依赖的值。

由于数据集成，也可能产生不一致。一个给定的属性在不同的数据库中可能具有不同的名字，导致数据重复和冗余的存在。

2.2.2 数据集成

数据挖掘的重要内容和难点之处在于如何根据先验知识，甚至是在无先验知识的情况下有效地抓住核心问题进行学习与识别。数据集成是将多个数据源中的异构数据进行合并处理，结合起来存放在一个一致的数据存储（如数据仓库）中。通常会涉及到以下几个问题。

2.2.2.1 实体识别问题

例如，一个数据挖掘所要处理的任务数据来源于两个不同的学生信息系统，见表2－5。一个是学生基本信息系统 DB1，记录学生学号、姓名、性别、年级等；一个是学生选课系统 DB2，记录学生学号、专业、课程、成绩等。

表2－5　两个数据库源的不同记录

DB1	Stu_ id	Name	Sex	Grade
DB2	Stu_ num	Specialty	Course	Score

这两个系统中对同一名学生的学号可能有不同的代码。在数据集成时，需要为每一名学生建立一个记录，就必须从两个源系统中得到同一名学生的数据，将他们组合成单独的记录，这就是学生实体识别问题。

2.2.2.2 冗余问题

多源数据很容易出现冗余，即两个属性特征间相关性很大，其中一项可以被另外一项或者多项来表示或者代替，属性或维命名的不一致可能会导致数据集中的冗余。例如，表2－5中同一个属性（学生学号）的名称不一样，但指的是相同的实体。如果都同时写入一个数据库，会引起数据的冗余和重复。重复是指对于同一数据，存在两个或多个相同的元组，重复也应该在元组级进行检测。

2.2.2.3 数据值冲突的检测与处理

由于表示、比例或者编码的不同，使得现实世界的同一实体，对于来自不同数据源的属性值可能不同。例如，长度属性可能在一个系统中以厘米单位存放，而在另外一个系统中以尺单位存放。数据这种语义上的异种性，是数据集成的巨大挑战。

将多个数据源中的数据集成起来，能够减少或者避免结果数据集中数据的冗余和不一致性，有助于提高其后挖掘的精度和速度。

2.2.3 数据变换

数据挖掘能处理任何计算机能处理的信息和数据，包括图像、视频、空间数据、时序数据、超文本等。在实际操作中，这些信息都会被转换成适合数据挖掘的形式，才能进行常规的数据挖掘。

常见的数据转换涉及到以下一些内容：

（1）平滑化。去掉数据中的噪声，包括技术为分箱、聚类和回归。

（2）聚集。对数据进行汇总和聚集，一般用来为多粒度数据分析构造数据立方体。

（3）数据概化。使用概念分层，用高层次概念替换低层次“原始”数据。

（4）规范化。将属性数据按比例缩放，使之落入一个小的特定区间。

（5）离散化和泛化。删除数据的一些细节信息，处理后的数据更具有代表性，更容易理解，输入的数据减少，输出的结果清楚易懂，使得挖掘的整个过程更有效。

（6）属性构造。由给定的属性构造和添加新的属性，以帮助提高精度和对高维数据结构的理解。

2.2.4 数据归约

数据挖掘面临的一个严重问题是数据量太大、复杂，在海量数据上进行复杂的数据分析和挖掘将需要很长的时间，结果也很复杂。数据归约就是从原有庞大数据集中获得一个精简的数据集合，并保持原数据的完整性，这样在归约后的数据集上进行数据挖掘效率更高，且挖掘出来的结果与使用原有数据产生的分析结果基本相同。

数据归约的主要策略如下：

（1）数据立方体聚集，聚集操作用于数据立方体中的数据；

（2）维归约，检测并删除不相关、弱相关或冗余的属性或维；

（3）数据压缩，使用编码机制压缩数据集；

（4）数值压缩，用替代的、较小的数据（如参数模型或非参数模型）表示替换或估计数据；

（5）离散化和概念分层，属性的原始值用区间值或较高层的概念替换。

2.3 邻近性度量

邻近性表示相似性和相异性，它们被许多数据挖掘技术所使用，这种方法可以看作将数据变换到相似性（相异性）空间，然后进行分析，是数据挖掘中很重要的概念。由于两个对象之间的邻近度是两个对象对应属性之间的邻近度的函数，所以首先介绍如何度量仅包含一个简单属性的对象之间的邻近度，然后考虑具有多个属性对象的邻近度度量。

2.3.1 一些概念

在介绍邻近度之前，先介绍几个相关的概念。

相似度：两个对象相似程度的数据度量。因此，两个对象越相似，则相似度越高。通常，相似度是非负的，并常常在0（不相似）和1（完全相似）之间取值。

相异度：两个对象差异程度的数值度量。因此，两个对象越相似，则相异度越低。通常，距离作为相异度的同义词，用来表示特定类型的相异度。

变换：把相似度转换成相异度（或相反），或者把邻近度变换到一个特定区间，如［0，1］。例如，可能有相似度，其值域是1到10，但是使用的特定算法或软件包可能只能处理相异度，或者只能处理［0，1］区间的相似度，这样就需要将其进行变换。

一般情况，邻近性度量（特别是相似度）被定义为或变换到区间［0，1］中的值。目的是使用一种适当的尺度，使得邻近度的值表明两个对象之间的相似（或相异）程度。例如，对象之间的相似度在1（不相似）和10（完全相似）之间变化，则可以使用如下变换将其变换到［0，1］区间：$s'=(s-1)/9$，其中 s 和 s' 分别是相似度的原值和新值。在更一般的情况下，相似度到［0，1］区间的变换由如下表达式给出：$s'=(s-\text{min\_}s)/(\text{max\_}s-\text{min\_}s)$，其中 $\text{max\_}s$ 和 $\text{min\_}s$ 分别是相似度的最大值和最小值。类似的，具有有限值域的相异度也能用 $d'=(d-\text{min\_}d)/(\text{max\_}d-\text{min\_}d)$ 映射到［0，1］区间。

2.3.2 简单属性之间的邻近度

一般情况下，具有若干属性的对象之间的邻近度用单个属性的邻近度的组合来定义，表2-6总结了最常用的单个属性的对象之间的邻近度。在此表中，x 和 y 是两个对象，它们具有一个指明类型的属性，$d(x,y)$ 和 $s(x,y)$ 分别是 x 和 y 之间的相异度和相似度（分别用 d 和 s 表示）。

表2-6 简单属性的相似度和相异度

属性类型	相异度	相似度
标称的	$d=\begin{cases}0 & \text{如果 } x=y \\ 1 & \text{如果 } x\neq y\end{cases}$	$s=\begin{cases}1 & \text{如果 } x=y \\ 0 & \text{如果 } x\neq y\end{cases}$
序数的	$d=\lvert x-y\rvert/(n-1)$（值映射到整数0到 $n-1$，其中 n 是值的个数）	$s=1-d$
区间或比率的	$d=\lvert x-y\rvert$	$s=-d$，$s=\frac{1}{1+d}$，$s=e^{-d}$，$s=1-\frac{d-\text{min\_}d}{\text{max\_}d-\text{min\_}d}$

2.3.3 数据对象之间的相异度

从讨论距离（距离是具有特定性质的相异度）开始，讨论各种不同类型的相异度。

一维、二维、三维或高维空间中两个点 x 和 y 之间的欧几里得距离 d 由如下公式定义：

$$d(x,y) = \sqrt{\sum_{k=1}^{n}(x_k - y_k)^2} \tag{2-1}$$

式中，n 是维数；x_k 和 y_k 分别是 x 和 y 的第 k 个属性。

欧几里得距离具有一些众所周知的性质，如果 $d(x,y)$ 是两个点 x 和 y 之间的距离，则如下性质成立：

（1）非负性：

1）对于所有 x 和 y，$d(x,y) \geqslant 0$；

2）仅当 $x=y$ 时，$d(x,y) = 0$。

（2）对称性：

对于所有 x 和 y，$d(x,y) = d(y,x)$。

（3）三角不等式：

对于所有 x、y 和 z，$d(x,z) \leqslant d(x,y) + d(y,z)$。

2.3.4 数据对象之间的相似度

对于相似度，三角不等式通常不成立，但是对称性和非负性通常成立。更具体地说，如果 $s(x,y)$ 是数据点 x 和 y 之间的相似度，则其具有如下典型性质：

（1）仅当 $x=y$ 时，$s(x,y) = 1(0 \leqslant s \leqslant 1)$；

（2）对于所有 x 和 y，$s(x,y) = s(y,x)$。

对于相似度，没有与三角不等式对应的一般性质。但是，有时可以很容易地将相似度变换成一种度量距离。在下节介绍的余弦相似度和 Jaccard 相似性度量就是两个例子。

2.3.5 邻近性度量举例

本节给出相似性和相异性度量的一些具体例子。

2.3.5.1 二元数据的相似性度量

A 相似系数

仅包含二元属性的两个对象之间的相似性称为相似系数（similarity coefficient），并且通常在 0 和 1 之间取值，两个对象完全相似时值为 1，而两个对象一点也不相似时值为 0。

设两个对象 x 和 y 都由 n 个二元属性组成。因此，两个对象（即两个二元向量）的比较导致如下四个向量（频率）：

f_{00} = x 取 0 并且 y 取 0 的属性个数；

f_{01} = x 取 0 并且 y 取 1 的属性个数;
f_{10} = x 取 1 并且 y 取 0 的属性个数;
f_{11} = x 取 1 并且 y 取 1 的属性个数。

B　简单匹配系数

一种常用的相似性系数是简单匹配系数（SMC，Simple Matching Coefficient），定义如下:

$$\mathrm{SMC} = \frac{\text{值匹配的属性个数}}{\text{属性个数}} = \frac{f_{11} + f_{00}}{f_{01} + f_{10} + f_{11} + f_{00}} \tag{2-2}$$

该度量可以同等地对出现和不出现进行计数。因此，SMC 可以在一个只包含是非题的测验中用来发现回答问题相似的学生。

C　Jaccard 系数

假定两个数据对象 x 和 y 代表一个事务矩阵的两行（两个事务）。如果每个非对称的二元属性对应于商店的一种商品，则商品被购买用 1 表示，商品未被购买用 0 表示。由于未被顾客购买的商品数远大于被其购买的商品数，因而类似于 SMC 这样的相似性度量将会判断所有的事务都是类似的。此时，常常使用 Jaccard 系数来处理仅包含非对称的二元属性的对象。Jaccard 系数常用符号 J 表示，定义如下:

$$J = \frac{\text{匹配的个数}}{\text{不涉及 0 - 0 匹配的属性个数}} = \frac{f_{11}}{f_{01} + f_{10} + f_{11}} \tag{2-3}$$

例 2-6　计算如下二元向量的 SMC 和 J:

x = (1, 0, 0, 0, 0, 0, 0, 0, 0, 0)
y = (0, 0, 0, 0, 0, 0, 1, 0, 0, 1)
f_{01} = 2，x 取 0 并且 y 取 1 的属性个数;
f_{10} = 1，x 取 1 并且 y 取 0 的属性个数;
f_{00} = 7，x 取 0 并且 y 取 0 的属性个数;
f_{11} = 0，x 取 1 并且 y 取 1 的属性个数。

$$\mathrm{SMC} = \frac{f_{11} + f_{00}}{f_{01} + f_{10} + f_{11} + f_{00}} = \frac{0 + 7}{2 + 1 + 0 + 7} = 0.7$$

$$J = \frac{f_{11}}{f_{01} + f_{10} + f_{11}} = \frac{0}{2 + 1 + 0} = 0$$

2.3.5.2　余弦相似性度量

一般情况下，文档用向量表示，向量的每个属性代表一个特定的词（术语）在文档中出现的频率。尽管实际情况要复杂很多，但是需要忽略常用词，并使用各种技术处理同一个词的不同形式、不同文档的长度以及不同的词频。

虽然文档具有数以百计或数以千计万计的属性（词），但是每个文档都是稀疏的，因为它具有相对较少的非零属性。因此，与事务数据一样，相似性不能依赖共享0的个数，因为任意两个文档多半都不会包含许多相同的词，如果统计0－0匹配，则大多数都与其他大部分文档非常类似。所以，文档的相似性度量不仅应当像 Jaccard 度量一样需要忽略0－0匹配，而且还必须能够处理非二元向量。余弦相似度（cosine similarity）就是文档相似性最常用的度量之一。设 $\boldsymbol{x}$ 和 $\boldsymbol{y}$ 是两个文档向量，则

$$\cos(\boldsymbol{x},\boldsymbol{y}) = \frac{\boldsymbol{x}\cdot\boldsymbol{y}}{|\boldsymbol{x}||\boldsymbol{y}|} \tag{2-4}$$

式中，“·”表示向量点积；$\boldsymbol{x}\cdot\boldsymbol{y} = \sum_{k=1}^{n} x_k y_k$；$|\boldsymbol{x}|$ 是向量 $\boldsymbol{x}$ 的长度，$|\boldsymbol{x}| = \sqrt{\sum_{k=1}^{n} x_k^2} = \sqrt{\boldsymbol{x}\cdot\boldsymbol{x}}$。

例2－7 计算下面两个数据对象的余弦相似度，这些数据对象可能代表文档向量：

$\boldsymbol{x}$ =（3，2，0，5，0，0，0，2，0，0）

$\boldsymbol{y}$ =（1，0，0，0，0，0，0，1，0，2）

$\boldsymbol{x}\cdot\boldsymbol{y} = 3\times1+2\times0+0\times0+5\times0+0\times0+0\times0+0\times0+2\times1+0\times0+0\times2 = 5$

$$|\boldsymbol{x}| = \sqrt{3\times3+2\times2+0\times0+5\times5+0\times0+0\times0+0\times0+2\times2+0\times0+0\times0} = 6.48$$

$$|\boldsymbol{y}| = \sqrt{1\times1+0\times0+0\times0+0\times0+0\times0+0\times0+0\times0+1\times1+0\times0+2\times2} = 2.45$$

$\cos(\boldsymbol{x},\boldsymbol{y}) = 0.31$

参考文献

[1] 范明，范宏建．数据挖掘导论［M］．北京：人民邮电出版社，2007.

[2] 杨杰，姚莉秀．数据挖掘技术及其应用［M］．上海：上海交通大学出版社，2011.

[3] 韩家炜，坎伯．数据挖掘概念与技术［M］．北京：机械工业出版社，2007.

[4] 刘洪霖，包宏．化工冶金过程人工智能优化［M］．北京：冶金工业出版社，1999.

3 关联规则

关联规则由 R. Afrawal 于 1993 年提出[1]，是数据挖掘中最活跃的研究方法之一，侧重于确定数据中不同领域之间的联系。也是在无指导学习系统中挖掘本地模式的最普通形式。关联规则也是很多人在试图了解数据挖掘的过程中，所能想到的最接近于该过程的形式。顾名思义，“挖掘”就是在大型数据库中“淘金”。这里的“金子”就是指一些有价值的规则，让人获得存在于数据库中的不为人知的或不能确定的信息。这些算法可以检索出数据库中所有可能的关联模式。本章将对关联规则的基本概念、方法以及算法等进行讲述。

3.1 关联规则概念

与关联规则相关的定义描述如下[2]：

设 $I = \{i_1, i_2, \cdots, i_m\}$ 是一个项目集合，事务数据库 $D = \{t_1, t_2, \cdots, t_n\}$ 是有一系列具有唯一标识 TID 的事务组成，每个事务 $t_i (i = 1,2,\cdots,n)$ 都对应 I 上的一个子集。

设 $I_1 \subseteq I$，项目集（itemset）I_1 在数据集 D 上的支持度（Support）是包含 I_1 的事务在 D 中所占的百分比，即

$$\text{support}(I_1) = |\{t \in D | I_1 \subseteq t\}| / |D| \tag{3-1}$$

对项目集 I 和事务数据库 D，T 中所有满足用户指定的最小支持度（Minsupport）的项目集，即大于或等于 Minsupport 的 I 的非空子集，称为频繁项目集（frequent itemsets）或者大项目集（large itemsets）。在频繁项目集中挑选出所有不被其他元素包含的频繁项目集称为最大频繁项目集（maximum frequent itemsets）或最大项目集（maximum large itemsets）。

一个定义在 I 和 D 上的形如 $I_1 \Rightarrow I_2$ 的关联规则通过满足一定的可信度、信任度或置信度（Confidence）来给出。所谓规则的可信度是指包含 I_1 和 I_2 的事务数与包含 I_1 的事务数之比，即

$$\text{Confidence}(I_1 \Rightarrow I_2) = \text{support}(I_1 \cup I_2) / \text{support}(I_1) \tag{3-2}$$

式中，$I_1, I_2 \subseteq I$，$I_1 \cap I_2 = \varnothing$。

D 在 I 上满足最小支持度和最小信任度（Minconfidence）的关联规则称为强关联规则（strong association rule）。

一般情况下，我们所说的关联规则是指上面定义的强关联规则。

例 3-1 设通过统计用户主叫号码业务的使用情况，进行业务的关联分析。假设有 10 项业务，记 0—语音信箱，…，5—移动秘书，6—信息点播，…，9—呼叫转移，统计 10 个主叫号码的使用业务见表 3-1。

表 3-1 10 个主叫号码及其使用业务

主叫号码	业务类型	主叫号码	业务类型
13910772332	0，5，6，7	13811125431	1，2，3，6
13801233660	1，5，6，7	13988612332	4，5，6，9
13910634261	1，4，7	13933245176	0，2，3
13801138653	7，8，9	13966445588	4，5，7，8
13901537797	0，1，2，5，6	13934221282	3，6，7

记 A 为业务 5，B 为业务 6，T 为事务总数（即主叫号码统计数），则业务 AB 出现的支持度为：

$$P(A \cap B) = \frac{AB\text{ 出现次数}}{\text{事务总数 } T} = 4/10 = 0.4$$

对于具有支持度 0.4 的项目集 AB，规则 $A \Rightarrow B$ 的可信度为：

$$P(B \mid A) = \frac{P(AB)}{P(A)} = \frac{4/10}{5/10} = 0.8$$

同理，规则 $B \Rightarrow A$ 的可信度为：

$$P(A \mid B) = \frac{P(AB)}{P(B)} = \frac{4/10}{6/10} = 0.67$$

若用户给出的最小可信度为 0.3，最小支持度为 0.3，则项目集 AB 是二项频繁集（满足最小支持度），$A \Rightarrow B$ 、$B \Rightarrow A$ 两条规则满足最小可信度。

通常情况下，给定一个事务数据库，关联规则挖掘问题就是通过用户指定最小支持度和最小可信度来寻找强关联规则的过程。关联规则挖掘问题可以划分为两个子问题：

（1）发现频繁项目集。通过用户给定的最小支持度，寻找所有频繁项目集，即满足 support 不小于 Minsupport 的所有项目子集。实际上，这些频繁项目集可能具有包含关系。一般地，我们只关心那些不被其他频繁项目集所包含的所谓最大频繁项目集的集合。发现所有的频繁项目集是形成关联规则的基础。

（2）生成关联规则。通过用户给定的最小可信度，在每个最大频繁项目集中，寻找 Confidence 不小于 Minconfidence 的关联规则。

相对于发现频繁项目集问题而言，由于生成关联规则问题相对简单，而且内存以及算法效率上改进余地不大，所以发现频繁项目集这个问题是近年来关联规则挖掘算法研究的重点。

3.2 Apriori 关联规则算法

Apriori 算法在发现关联规则领域具有很大的影响力，是一种以概率为基础的挖掘布尔关联规则频繁项集的算法，其中含有 prior 是因为算法中使用了频繁项目集性质的先验（prior）知识。Apriori 算法利用从少到多、从简单到复杂的循序渐进的方式，搜索数据库的项目相关关系，并且利用概率的表示形成关联规则。Apriori 算法的实现是基于关联分析的一种逆单调特性，这种特性也被称作 Apriori 属性[1]。

概率基本性质如下：

（1）任何一个数 C ，如果 A 与 B 同时出现的概率 $P(AB) > C$ ，则 $P(A) > C$。

（2）任何一个数 C ，如果 A 出现的概率 $P(A) < C$ ，则 $P(AB) < C$ 。

Apriori 特性：如果一个拥有 k 个项目的项目集 I 不满足最小支持度，根据定义，项目集 I 不是一个频繁项目集，如果向 I 中加入任意一个新的项目得到一个拥有 $k+1$ 个项目的项目集 I' ，则 I' 必定也不是频繁项目集。

Apriori 算法可分为两步：

（1）连接：通过将两个符合特定条件的 k 项频繁项目集做连接运算，从而寻找 $k+1$ 项频繁项目集，而这些频繁项目集是发现关联规则的基础。

（2）剪枝：在判断一个项目集是否为频繁项目集时，如果采用对数据库进行扫描计算的方法，当频繁项目集很大的时候，计算效率是很低的。所谓剪枝就是通过引入一些经验性或经数学证明的判定条件，来避免一部分不必要的计算，从而提高算法效率。

Apriori 算法的指导思想是，在给定的事务数据库 D 中任意频繁项目集的子集都是频繁项目集，任意弱项目集的超集都是弱项目集。利用这一原理对事务数据库进行多次扫描，从而找到全部的频繁项目集。

3.2.1 发现频繁项目集

Apriori 算法是通过项目集元素数目不断增加来逐步完成频繁项目集发现的。首先产生 1 - 频繁项目集 C_k ，然后是 2 - 频繁项目集 L_2 ，直到不能再扩展频繁项目集的元素数目时算法停止。在第 k 次循环中，过程先产生 k - 候选项目集的集合 C_k ，然后通过扫描数据库生成支持度并测试产生 k - 频繁项目集 L_k [2]。

发现频繁项目集算法（Apriori）：

输入：数据集 D ；最小支持数 minsup_ sount

输出：频繁项目集 L

（1）L_1 = {large 1 - itemsets}；//所有支持度不小于 minsupport 的 1 - 项目集

（2）for（k = 2；$L_{k-1} \neq \varnothing$；k + +）do begin

(3) C_k = apriori - gen (L_{k-1}); // C_k 是 k 个元素的候选集
(4) for all transactions t ∈ D do begin
(5) C_t = subset (C_k, t); // C_t 是所有 t 包含的候选集元素
(6) for all candidates c ∈ C_t do
(7) c. count + +;
(8) end
(9) L_k = {c ∈ C_k | c. count ≥ minsup_ count}
(10) end
(11) L = ∪L_k;

该算法中调用了 apriori - gen (L_{k-1})，是为了通过 (k - 1) - 频繁项目集产生 k - 候选集。

候选集产生算法 (apriori - gen (L_{k-1}))：

输入：(k - 1) - 频繁项目集 L_{k-1}
输出：k - 候选项目集 C_k
(1) for all itemset p ∈ L_{k-1} do
(2) for all itemset q ∈ L_{k-1} do
(3) if p. $item_1$ = q. $item_1$, p. $item_2$ = q. $item_2$, …, p. $item_{k-2}$ = q. $item_{k-2}$, p. $item_{k-1}$ = q. $item_{k-1}$ then begin
(4) c = p∞q; //把 q 的第 k - 1 个元素连到 p 后
(5) if has_ infrequent_ subset (c, L_{k-1}) then
(6) delete c; //删除含有非频繁项目子集的候选元素
(7) Else add c to C_k;
(8) end
(9) return C_k;

该算法中调用了 has_ infrequent_ subset (c, L_{k-1})，是为了判断 c 是否需要加入到 k - 候选集中。按照 Agrarwal 的项目集格空间理论，还有非频繁项目子集的元素不可能是频繁项目集，因此应该及时裁减掉那些含有非频繁项目子集的项目集，以提高效率。

判断候选集的元素算法 (has_ infrequent_ subset (c, L_{k-1}))：

输入：一个 k - 候选项目集 c，(k - 1) - 频繁项目集 L_{k-1}
输出：c 是否从候选集中删除的布尔判断
(1) for all (k - 1) - subset s of c do
(2) if s ∉ L_{k-1} then
(3) return ture;
(4) return false;

下面给出一个 Apriori 算法的实例，表 3 - 2 是一个样本事务数据库。

表 3-2 样本事务数据库

TID	Itemset	TID	Itemset
1	A, B, C, D	4	B, D, E
2	B, C, E	5	A, B, C, D
3	A, B, C, E		

例 3-2 对表 3-2 所示的事务数据库跟踪 Apriori 算法的执行过程（假设 minsupport = 40%）。

(1) L_1 生成：

生成候选集并通过扫描数据库得到支持数，$C_1 = \{(A, 3), (B, 5), (C, 4), (D, 3), (E, 3)\}$；挑选 minsup_ count≥2 的项目集组成 1-频繁项目集 $L_1 = \{A, B, C, D, E\}$。

(2) L_2 生成：

由 L_1 生成 2-候选集并通过扫描数据库得到支持数，$C_2 = \{(AB, 3), (AC, 3), (AD, 2), (AE, 1), (BC, 4), (BD, 3), (BE, 3), (CD, 2), (CE, 2), (DE, 1)\}$；挑选 minsup_ count≥2 的项目集组成 2-频繁项目集 $L_2 = \{AB, AC, AD, BC, BD, BE, CD, CE\}$。

(3) L_3 生成：

由 L_2 生成 3-候选集并通过扫描数据库得到支持数，$C_3 = \{(ABC, 3), (ABD, 2), (ACD, 2), (BCD, 2), (BCE, 2)\}$；挑选 minsup_ count≥2 的项目集组成 3-频繁项目集 $L_3 = \{ABC, ABD, ACD, BCD, BCE\}$。

(4) L_4 生成：

由 L_3 生成 4-候选集并通过扫描数据库得到支持数，$C_4 = \{(ABCD, 2)\}$；挑选 minsup_ count≥2 的项目集组成 4-频繁项目集 $L_3 = \{ABCD\}$。

(5) L_5 生成：

由 L_4 生成 5-候选集 $C_5 = \varnothing$，$L_5 = \varnothing$，算法停止。

因此，所有的频繁项目集为 $\{AB, AC, AD, BC, BD, BE, CD, CE, ABC, ABD, ACD, BCD, BCE, ABCD\}$。另外，很容易得到最大频繁项目集为 $\{ABCD, BCE\}$。

3.2.2 生成关联规则

以上讨论了频繁项目集的发现问题，以下讨论关联规则的生成问题。根据关联规则挖掘的两个步骤，在得到所有频繁项目集后，可以按照下面的步骤生成关联规则。

对于每一个频繁项目集 L，生成其所有的非空子集；

对于L的每一个非空子集 x，计算 Confidence（x），如果 Confidence（x）≥ minconfidence，那么"$X_1 \Rightarrow (L - X_1)$"成立。

从已知的频繁项目集中生成强关联规则算法：

输入：频繁项目集；最小信任度 minconf

输出：强关联规则

rule－generate（L，minconf）

（1） for each frequent itemset L_k in L

（2） genrules（L_k，L_k）；

该算法的核心是 genrules 递归过程，实现的是一个频繁项目集中所有强关联规则的生成。

递归测试一个频繁项目集中的关联规则算法：

Genrules（L_k：frequent k－itemset，x_m：frequent m－itemset）

（1） x＝{（m－1）－itemsets x_{m-1} | x_{m-1} in x_m}；

（2） for each x_{m-1} in x begin

（3） conf＝support（L_k）/support（x_{m-1}）；

（4） if（conf≥minconf）then begin

（5） print the rule "$x_{m-1} \Rightarrow$（L_k－x_{m-1}），with support＝support（L_k），confidence＝conf"；

（6） if（m－1＞1）then//生成 x_{m-1} 的关联规则子集

（7） Genrules（L_k，x_{m-1}）；

（8） end

（9） end

对于表3－1所示的样本事务数据库，例3－1利用Apriori算法得到了所有频繁集。下面进一步使用 rule－generate 来生成强关联规则。

例3－3 对表3－2，Apriori算法生成的最大频繁项目集为{*ABCD*，*BCE*}，下面跟踪 rule－generate 的执行过程（设 minconfidence＝60%）。生成过程如表3－3关联规则生成过程所示。

表3－3 关联规则生成过程

序号	L_k	x_{m-1}	confidence	support	规则（是否是强规则）
1	*ABCD*	*ABC*	67%	40%	$ABC \Rightarrow D$（是）
2	*ABCD*	*AB*	67%	40%	$AB \Rightarrow CD$（是）
3	*ABCD*	*A*	67%	40%	$A \Rightarrow BCD$（是）
4	*ABCD*	*B*	40%	40%	$B \Rightarrow ACD$（否）
5	*ABCD*	*AC*	67%	40%	$AC \Rightarrow BD$（是）
6	*ABCD*	*C*	50%	40%	$C \Rightarrow ABD$（否）
7	*ABCD*	*BC*	50%	40%	$BC \Rightarrow AD$（否）

续表 3－3

序号	L_k	x_{m-1}	confidence	support	规则（是否是强规则）
8	*ABCD*	*ABD*	100%	40%	$ABD \Rightarrow C$（是）
9	*ABCD*	*AD*	100%	40%	$AD \Rightarrow BD$（是）
10	*ABCD*	*D*	67%	40%	$D \Rightarrow ABC$（是）
11	*ABCD*	*BD*	67%	40%	$BD \Rightarrow AC$（是）
12	*ABCD*	*ACD*	100%	40%	$ACD \Rightarrow B$（是）
13	*ABCD*	*CD*	100%	40%	$CD \Rightarrow AB$（是）
14	*ABCD*	*BCD*	100%	40%	$BCD \Rightarrow A$（是）
15	*BCE*	*BC*	50%	40%	$BC \Rightarrow E$（否）
16	*BCE*	*B*	40%	40%	$B \Rightarrow CE$（否）
17	*BCE*	*C*	50%	40%	$C \Rightarrow BE$（否）
18	*BCE*	*BE*	67%	40%	$BE \Rightarrow C$（是）
19	*BCE*	*E*	67%	40%	$E \Rightarrow BC$（是）
20	*BCE*	*CE*	100%	40%	$CE \Rightarrow B$（是）

从上面的例子可以看出，利用频繁项目集生成关联规则就是逐一测试在所有频繁项目集中可能生成的规则及参数。

关联规则生成算法的优化问题主要集中在减少不必要的规则生成尝试方面：

（1）设项目集 X，X_1 是 X 的一个子集，如果规则“$X \Rightarrow (L-X)$”不是强规则，那么“$X_1 \Rightarrow (L-X_1)$”一定不是强规则。这一点告诉我们，在生成关联规则尝试中可以利用已知的结果来有效避免测试一些肯定不是强规则的尝试。

（2）设项目集 X，X_1 是 X 的一个子集，如果规则“$Y \Rightarrow X$”是强规则，那么规则“$Y \Rightarrow X_1$”一定是强规则。这一点告诉我们，在生成关联规则尝试中可以利用已知的结果来有效避免测试一些肯定是强规则的尝试。也保证了我们把注意点放在最大频繁项目集的合理性。实际上，我们只要从所有最大频繁项目集出发去测试可能的关联规则即可，因为其他频繁项目集生成的规则的右项一定包含在对应的最大频繁项目集生成的关联规则的右项中。

3.3 提高 Apriori 算法的效率

为了提高 Apriori 算法的效率，出现了一系列的 Apriori 的改进算法。这些改进的算法仍然遵循 Apriori 算法的原理，但由于引进了相关技术，所以在一定程度上改善了 Apriori 算法的适应性和效率。

3.3.1 基于划分的方法

因为挖掘频繁项目集时所处理的数据量越来越大，所以有必要设计一些更有效的算法来挖掘这些数据。Apriori 算法扫描数据库的次数完全依赖于最大的频繁项目集中项目的数量。为了减少扫描数据库的次数，或者减少在每一次扫描过程中所计算的候选项目集的数量，Apriori 算法可以做一些改进。

基于划分的 Apriori 算法只需要对事务数据库进行两次扫描。数据库被划分成若干个非重叠的分区，每个分区都可以小到适合内存的大小。在第一次扫描时，算法读取每一个分区，并且在每一个分区内计算局部频繁项目集。在第二次扫描时，算法计算整个数据库中所有局部频繁项目集的支持度。如果项目集对于整个数据库来说是频繁的，那么它至少需要在一个分区中是频繁的。因此，第二次对数据库的扫描计算所有潜在的频繁项目集的超集[3]。

3.3.2 基于散列的方法

Park 等于 1995 年提出了一种基于散列（Hash）技术的产生频繁项目集的算法，它可用于压缩候选 k-项目集。例如，在生成候选 2-项目集时，不采用对频繁 1-项目集进行两两连接，而是直接对数据库进行扫描。每当扫描一条事务数据时，将事务数据中出现的可能候选 2-项目集通过散列技术映射到散列表结构的不同桶中，并增加相应的桶的计数器。在读取完所有的事务数据后，可根据最小支持度检查每个桶的计数器，于是可以直接排除一部分未能达到最小支持度的候选频繁项目集，因为候选频繁项目的生成是基于事务数据的，所以利用散列技术可以避免生成支持度为 0 的候选项目集。这种散列技术可以大大压缩要考察的 k-项目集（特别是当 $k=2$ 时）。然而，该算法需要消耗一定的内存空间来记录每个桶中的全部候选 2-项目集内容，在数据库非常庞大的时候会面临资源不足的风险。另外，当一个桶中存放的候选 2-项目集有多种时，对频繁 2-项目集的判断是相对复杂的，这也是基于散列的方法的不足之处。

3.3.3 基于采样的方法

Toivonen 于 1996 年提出了一种基于采样（Sampling）技术产生频繁项目集的算法。该方法首先选取给定数据库 D 的随机样本 S，然后在 S 而不是在 D 中搜索频繁项目集。基于采样的方法实际上是牺牲精度换取速度的方法。样本 S 的大小是根据内存搜索 S 中的频繁项目集选取的，因此只需要扫描一次 S 中的事务。由于搜索的是 S 而不是 D 中的项目集，可能丢失一些全局频繁项目集。为了减少这种可能性，我们使用比最小支持度低的支持度阈值来找出局部于 S 的频繁项目集。然后，数据库的其余部分用来计算局部于 S 的频繁项目集中每个项目集的实际频繁度。如果局部于 S 的频繁项目集实际包含了 D 中的所有频繁项目集，则只需要扫描一次 D。否则，可以进行第二次扫描，以找出在第一次扫描时遗漏的频繁项目集。其中，一种可取的方法是适当地降低最小支持度来获得更多的局部于

S 的频繁项目集，也可以通过多次采样汇总局部于 S 的频繁项目集，或者采用其他的机制来检验是否存在遗漏的可能。基于采样的方法非常适用于对效率有很高要求和需要经常运算的情况。

3.3.4 基于事务压缩的方法

基于事务压缩的方法，基本思想是不包含任何 k - 项目集的事务不可能包含任何（$k+1$）- 项目集。该方法在为确定 k - 项目集进行数据库扫描的同时，标识每一个数据是否能支持最少一个 k - 项目集，在数据库扫描结束后，将不能支持最少一个 k - 项目集的事务数据在数据库中删除。从而减少了算法下一次扫描数据库所需要的时间。

3.3.5 基于动态项目集计数的方法

动态项目集计数将数据库划分为标记开始的块，不像 Apriori 算法仅在每次完整的数据库扫描之前确定新的候选，在这种变形中，可以在任何开始点添加新的候选项目集。该技术动态地评估已被计数的所有项目集的支持度，如果一个项目集的所有子集已被确定为频繁的，则添加它作为新的候选。结果算法需要的数据库扫描比 Apriori 算法少[4]。

3.4 关联规则挖掘的深入问题

在许多应用中，数据项之间有价值的关联规则通常出现在一些相对较高的概念层中，从较低的概念层中很难发现有价值的关联规则。目前，关联规则挖掘已经从单一概念层发展到多概念层，形成逐步深化的知识发现过程。

多维数据组织作为数据分析的重要手段，已经被广泛地讨论和应用。多维关联规则挖掘已成为今年研究的热点问题之一，特别是对于基于关系型数据库或数据仓库的数据挖掘来说显得尤为重要。另外，在关系型数据库中的大量非离散性数值属性的存在和这些属性对知识形成的重要性，使得数量关联规则挖掘也成为一个不可回避的问题。因此，本节主要介绍多层次、多维、数量关联规则等目前讨论比较集中的数据挖掘问题。

3.4.1 多层次关联规则挖掘

对于关系型数据库或事务来说，一些属性或项所隐含的概念是有层次的。例如，商品“羽绒服”，对于一个分析和决策应用来说，就可能关心它的更高层次概念，如“冬季服装”和“服装”等。对于不同的用户而言，某些特定层次的关联规则可能更有研究意义。同时，由于数据的分布和效率方面的考虑，数据可能存储在多层次粒度上。因此，挖掘多层次的关联规则就可能得出更深入的、更有说服力的知识。

根据规则中涉及的层次，多层关联规则可分为同层关联规则和层间关联规则：

（1）同层次关联规则。一个关联规则对应的项目是同一个粒度层次，则它是同层次关联规则。例如，图3－1给出了一个关于商品的多层次概念树。针对此概念层次划分，“面包⇒牛奶”和“羽绒服⇒鲜奶”都是同层次关联规则。

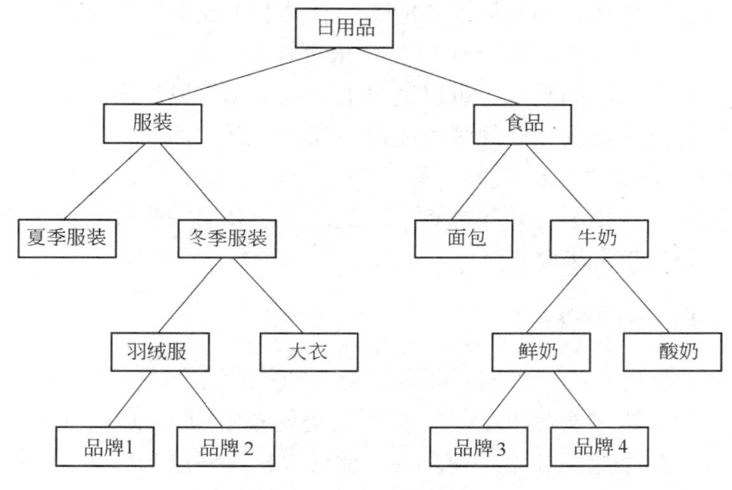

图3－1　多层次概念示例

（2）层间关联规则。在不同的粒度层次上考虑问题，则可能得到的是层间关联规则。例如，“夏季服装⇒酸奶”。

目前，多层次关联规则挖掘的度量方法基本上沿用了“支持度—可信度”的框架。然而，对支持度的设置还需要考虑不同层次的度量策略。

多层次关联规则挖掘基本的设置支持度策略有两种：

（1）统一的最小支持度。对于所有层次使用同一个最小支持度，这样对于用户和算法实现都相对容易，并且很容易支持层间的关联规则生成。但是弊端也是存在的，不同层次考虑问题的精度可能不同、面向的用户群可能不同。对于某些用户，可能觉得支持度太小，产生的不感兴趣规则太多。而对于另外的用户，又认为支持度太大，有用信息的丢失过多。

（2）不同层次使用不同的最小支持度。每个层次都有自己的最小支持度。较低层次的最小支持度相对较小，较高层次的最小支持度相对较大。这种方法增加了挖掘的灵活性，同时也需要解决很多相关问题。首先，不同层次间的支持度应该有所关联，只有正确刻画这种关系或找到相应的转换方法，才能生成相对客观的关联规则。其次，由于具有不同的支持度，层间的关联规则也是需要解决的问题。

对于多层关联规则挖掘的策略问题，可以根据应用特点，采用灵活的方法来实现：

（1）自上而下方法。先找高层次的规则，如“夏季服装⇒牛奶”，再找下一层次规则，如“羽绒服⇒酸奶”。类似的逐层次自上而下的挖掘。不同层次的支持度可以一样，也可以根据上层的支持度动态生成下层的支持度。

（2）自下而上方法。先找低层次的规则，再找上一层次规则。不同层次的支持度也可以动态生成，如根据下层的支持度动态生成上层的支持度。

（3）在一个固定层次挖掘。用户可以根据需要，在一个固定的层次上挖掘。如果需要查看其他层次的数据，可以通过上钻和下钻等操作来获得相应的数据。

需要注意的是多层次关联规则可能产生冗余问题。例如，规则“冬季服装⇒酸奶”完全包含规则“羽绒服⇒酸奶”的信息。有些情况，可能需要考虑规则的部分包含问题、规则的合并问题等。因此，对于多层关联规则挖掘需要根据实际情况确定合适的挖掘策略。

3.4.2 多维关联规则挖掘

在 OLAP 中挖掘多维、多层关联规则是一个很常见的过程。因为 OLAP 本身的基础就是一个多维多层分析工具。在数据挖掘技术引入以前，OLAP 只能做一些简单的统计。数据挖掘技术出现之后，就可以挖掘深层次的关联规则等知识。

多维关联规则常见的形式有两种，即维内的关联规则和混合维关联规则：

（1）维内的关联规则。例如，“年龄（X，20～30）∧职业（X，学生）⇒购买（X，笔记本电脑）”。这里就涉及到了三个维：年龄、职业、购买。相比而言，前面所介绍的诸如“面包⇒牛奶”这样的关联规则只涉及“食品”这一单一维，所以它被称为单维关联规则。

（2）混合维关联规则。混合维规则允许同一个维重复出现。例如，“年龄（X，20～30）∧购买（X，笔记本电脑）⇒购买（X，打印机）”。由于在规则中同一个维“购买”重复出现，所以为挖掘带来了难度。但是，这类规则更具有普遍性和应用价值，因此，近年来得到普遍关注。

3.4.3 数量关联规则挖掘

在关联规则挖掘时，有必要考虑不同字段的种类。对于事务数据库来说，对应的项目是有限可数的离散问题。而对于一般的关系型数据库或数据仓库来说，必须考虑连续的数值型数据问题。数值型的数据在处理方法、技术和难度上都与布尔关联规则有差距，所以需要针对相关问题进行专门讨论。

解决关系型数据库知识发现的关键技术之一是数量关联规则挖掘问题，因为关系型数据库中的连续数值属性是普遍的、有重要挖掘价值的。目前，比较集中和急需解决的关键问题有以下三个主要方面：

（1）连续数值属性的处理。通常情况，有两种基本的方法对连续数值属性进行处理：

1）对数值属性进行离散化处理，这样就把连续的数值属性转变成布尔型属性，从而可以利用已有的方法和算法。比较著名的有等深度桶方法、部分K度完全方法等。

2）不直接对数值属性离散化，而是采用统计或模糊的方法直接对它们进行处理。直接用数值字段中的原始数据进行分析，可能结合多层次关联规则的概念，在多个层次之间进行比较，从而得出一些有用的规则。

（2）规则的优化。对于大型关系数据库而言，不加限制会产生大量的关联规则。这些规则对于理解和使用来说都是新的瓶颈。值得重视的问题是对产生的规则进行优化以找出用户真正感兴趣的规则集。特别地，这种优化在多维或多层次关联规则挖掘中显得尤为重要，所以可能发生大量的冗余规则和重复。

（3）提高挖掘效率。在大型数据库或数据仓库中，数量关联规则挖掘的效率是很重要的问题。在连续属性的离散化、频繁集发现、规则产生以及规则优化等很多方面需要开展工作。

为了对数量关联规则挖掘技术有个更直观的理解，归纳出目前较为典型的数量关联规则挖掘的五个主要步骤，并通过一个实例来加以说明：

（1）对每个数值属性进行离散化。选取适当的离散化算法，决定分区的数目。关键是选取什么样的离散化算法。首先，离散化算法没有一个统一的标准，应该根据数据的分布特点选取一种或几种适合的算法。其次，分区的数目，即分割的粒度，太大或太小都可能影响信息的处理精度和效率。

（2）离散区间整数化。对分类属性或数值属性的离散区间，将其映射成连续的整数标识。原因是使数据规整以利于挖掘。例如，对于某些数值属性的取值非常少或者原来就是可数的分类属性等没有必要区分的数值属性，将其值按照大小顺序就可以映射成连续的整数。如果数值属性被离散成了区间，则依据离散后区间的顺序将区间映射成连续的整数。因此，算法对这些连续整数值的操作就相当于对要挖掘的数据集的操作。

（3）在离散化的数据集上生成频繁项目集。此步与前面介绍的生成频繁项目集的步骤类似。

（4）产生关联规则。此步与前面介绍的生成关联规则方法类似。

（5）确定感兴趣的关联规则作为输出。如上所述，需要优化挖掘出来的关联规则。例如，为了挖掘有价值的规则就可能需要减少规则的冗余和进行评估。

下面通过一个简单的例子来说明数量关联规则的挖掘过程。

例3－4 挖掘的数据集是关系表 People 有三个属性：Age、Married、NumCars，见表3－4。假设用户指定的 Minimun Support＝40% 和 Minimum Confidence＝50%。根据数量关联规则挖掘的一般步骤，首先把数值属性离散成区间，其次把所有属性映射成连续的整数，然后生成频繁项目集，最后生成关联规则输出。完整的挖掘过程见表3－5～表3－10。

表3－4 关系表 People

RecordID	Age	Married	NumCars
100	23	no	0
200	25	yes	1
300	29	no	1
400	34	yes	2
500	38	yes	2

（1）数值属性 Age 的离散化：离散化的结果见表3－5。

表3－5 Age 属性区间化

RecordID	Age	Married	NumCars
100	20～24	no	0
200	25～29	yes	1
300	25～29	no	1
400	30～34	yes	2
500	35～39	yes	2

（2）对属性值整数化：Age 属性区间和 Married 属性值的整数化结果见表3－6～表3－8。

表3－6 Age 属性区间整数化

Internal	Integer
20～24	1
25～29	2
30～34	3
35～39	4

表 3-7 yes/no 的整数化

Value	Integer
Yes	1
No	0

表 3-8 离散后的 People 表

RecordID	Age	Married	NumCars
100	1	0	0
200	2	1	1
300	2	0	1
400	3	1	2
500	4	1	2

（3）发现频繁项目集：从离散化的 People 表调用频繁项目集生成算法（如 Apriori）得到频繁项目集，其结果见表 3-9。

表 3-9 频繁项目集的生成

Itemset（区间）	Itemset（整数）	Support
{<Age：20~29>}	{<Age：2>}	2
{<Married：yes>}	{<Married：1>}	3
{<Married：no>}	{<Married：0>}	2
{<NumCars：0>}	{<NumCars：0>}	2
{<NumCars：1>}	{<NumCars：1>}	2
{<Married：yes>，<NumCars：2>}	{<Married：1>，<NumCars：2>}	2

（4）生成关联规则：利用上面的频繁项目集产生关联规则，见表 3-10。

表 3-10 关联规则的生成

Rule	Support	Confidence
<Married：yes>⇒<NumCars：2>	40%	67%
<NumCars：2>⇒<Married：yes>	40%	100%

（5）规则优化：由于本例很简单，所以不存在优化问题。然而，如果考虑

属性区间划分的合理性，则可能需要评价规则的有效性。例如，如果上面划分区间再粗些，如 Age 为［20~29］、［30~39］等可能会得到诸如“<Age：［30~39］> ∧ <Married：Yes> ⇒ <NumCars：2>”这样的规则。

参考文献

［1］廖芹，郝志峰，等．数据挖掘与数学建模［M］．北京：国防工业出版社，2010.
［2］毛国君，段立娟，等．数据挖掘原理与算法［M］．北京：清华大学出版社，2006.
［3］闪四清，陈茵，等．数据挖掘——概念、模型、方法和算法［M］．北京：清华大学出版社，2003.
［4］韩家炜，坎伯．数据挖掘概念与技术［M］．北京：机械工业出版社，2007.

4 分类和预测

数据库内容丰富，蕴含数据信息量大。数据挖掘技术为此提供了数据分析方法——分类和预测，可以用于提取描述重要数据类的模型和预测未来的数据趋势。分类是预测分类标号（或离散值），预测是建立连续值函数模型。例如，可以建立一个分类模型，对银行贷款的安全或风险进行分类；同时可以建立预测模型，给定顾客潜在的收入和职业，预测他们在计算机设备上的花费。许多分类和预测方法已经被专家系统、机器学习、神经生物学和统计学方面的研究者提出。大部分算法是内存驻留算法，通常假定数据量很小。最近的建立在这些工作之上的数据库挖掘研究，开发了可伸缩的分类和预测技术，能够处理大量的、驻留磁盘的数据[1]。

本章主要叙述数据分类的基本技术、分类方法和预测方法，应学会修改、扩充和优化这些技术，将它们应用到大型数据库的数据分类和预测中。

4.1 分类概念

分类就是找出一个类别的概念描述，它代表了这类数据的整体信息，即该类的内涵描述，并用这种描述来构造模型。分类是利用训练数据集通过一定的算法而求得分类规则，可被用于规则描述和预测。分类的目的就是用测试集测试已产生的规则，并检验分类效果；另外，还可以用不带决策值的数据集给每一个对象分类。

给定一个数据库 $D = \{t_1, t_2, \cdots, t_n\}$ 和一组类 $C = \{C_1, C_2, \cdots, C_m\}$，分类问题就是确定一个映射 $f: D \rightarrow C$，每个元组 t_i 被分配到一个类中。一个类 C_j 包含映射到该类中的所有元组，即 $C_j = \{t_i \mid f(t_i) = C_j, 1 \leqslant i \leqslant n, 而且\ t_i \in D\}$。

下面给出一个简单的例子，说明分类的基本概念。

例 4-1 老师根据分数把学生分成 A、B、C、D、E 五类，只要通过使用简单的分界线（90、80、70、60）就可以实现，见表 4-1。

表 4-1 学生分数分类示意表

条 件	类 别
90≤成绩	A
80≤成绩<90	B
70≤成绩<80	C
60≤成绩<70	D
成绩<60	E

在上面的定义和例子中，把分类看作是从数据库到一组类别的映射。这些类别是被预先定义的、非交叠的。数据库的每个元组被精确的分配到一个类中。

一般地，数据分类（Data Classfication）分为两个步骤，即建模和使用：

（1）建立一个模型，描述预定的数据类集或概念集。通过分析有属性描述的数据库元组来构造模型。数据元组也称作对象、实例或样本。为建立模型而被分析的数据元组构成训练数据集。训练数据集中的单个元组称作训练样本，并随机地由样本群选取，每个训练样本还有一个特定的类标签与之对应。由于提供了每个训练样本的类标号，此步骤也称作有指导的学习（即模型的学习是在被告知每个训练样本属于哪个类的“指导”下进行的）。它不同于无指导的学习（或聚类），那里每个训练样本的类标号是未知的，要学习的类集合或数量也可能事先不知道。

通常，学习模型用分类规则、决策树或等式、不等式、规则式等形式提供。其中，分类规则是学习模型的重要方法之一，有关内容将在下一小节中详细阐述。这些规则可以用来为以后的数据样本分类，也能对数据库的内容提供更好的理解。

（2）使用模型进行分类。评估模型（分类法）的预测准确率。保持（Hold-out）方法是一种使用类标号样本测试集的简单方法。随机选取样本，并独立于训练样本。模型在给定测试集上的准确率是正确被模型分类的测试样本的百分比。对于每个测试样本，将已知的类标号与该样本的学习模型类预测比较。需要强调地，如果模型的准确率根据训练数据集评估，评估可能是乐观的，因为学习模型倾向于过分拟合数据。因此，使用交叉验证法来评估模型是比较合理的。

如果认为模型的准确率可以接受，就可以用它来对类标号未知的数据元组或对象进行分类。这种数据在机器学习文献中也成为“未知的”或“先前未见到的”数据。

总之，可以把分类归结为模型建立和使用模型进行分类两个步骤，其实模型建立的过程也就是训练数据进行学习的过程，第二个步骤是对类标号未知的数据进行分类的过程。

4.2 分类规则

分类规则是用来提取描述重要数据类型的模型，该模型可以对未来数据进行预测，判定其目标值[2]。

4.2.1 分类规则原理

分类即是通过对已知数据的学习来推断未知数据的归属，是机器学习领域集中要解决的问题。数据挖掘中的分类与机器学习主要区别在于：数据挖掘要处理大量的数据，因此要求学习的效率很高；另外数据挖掘获得的规则或模式最终是要面向人的，因此人们希望获得的规则尽量简洁，易于理解。分类规则的产生依赖于数据之间的归纳依赖关系。当数据库中的函数依赖关系不与事先在数据库模式中说明的相吻合，这样的函数依赖关系为归纳依赖关系。直观地讲，归纳依赖关系就是当给出了数据实体在属性 C 上的描述就可以确定该实体的属性 D 的取值，这时称属性集 C 与属性集 D 之间存在归纳依赖关系，即 D 依赖于 C。数据挖掘中分类规则就是要找出数据集上的最小归纳依赖关系。由于信息系统表示的数据集上的条件属性集与决策属性集间的关系通常是弱依赖关系（即给出了数据在条件属性集 C 上的描述只能以一定的概率确定其在决策属性上的值），要发现最小归纳依赖关系，就必须删除条件属性集中的冗余属性，进行属性约简。属性约简和数据过滤可以去除与决策无关的冗余信息，在保持信息系统信息一致的前提下降低信息系统的复杂度。经约简后的属性集称为最小属性子集。从最小属性子集可获得分类规则。为了得到简单明了的分类规则常常还需要约简规则，进一步简化规则。

4.2.2 分类规则算法步骤

数据库中的关系表可被看作一个信息系统，利用前面讲述的理论可以从数据库中发现分类规则。首先删除信息系统中的冗余属性和冗余属性值，然后由简化的信息系统获取分类规则。因此，分类规则的算法步骤为：

（1）对信息表进行等价划分，删除表中的重复实例；

（2）求取条件属性相对于决策属性的属性核；

（3）根据属性核删除冗余属性，求取条件属性的最小简化，并删除重复实例；

（4）对于每个实例求取其属性值的值核；

（5）对于每个实例删除多余的属性值，求取其最小值简化；

（6）删除简化信息表中的重复实例，总结出分类规则。

4.2.3 分类规则模式

用于分类规则方法一般是对训练集中的每个例子进行泛化，生成一个泛化规则。泛化一个例子的思路是先求出该例子的约简，使该例子在约简后的属性集上的取值不与任何一个反例（某例子的反例即为决策属性值和该例子的决策属性值不同的例子）冲突，且属性集中没有冗余属性。一般采用下述算法所示的分类规则模式。

输入：训练集 *ES*

输出：规则集 *RS*

(1)：初始化：$RS = \varnothing$；

```
(2): for (i=0; i<n; i++)
Reduct = CountRed (E, ES); //计算例子 E 的约简
rule = GenerateRule (reduct, E); //抽取出 E 中与约简对应的属性值形成规则
RS = RS + {rule};
```

4.3 基于距离的分类器

基于距离的分类算法的思路比较简单直观。假定数据库中的每个元组 t_i 为数值向量，用一个典型数值向量来表示类，则通过分配每个元组到其最相似的类来实现分类。

给定一个数据库 $D = \{t_1, t_2, \cdots, t_n\}$ 和一组类 $C = \{C_1, C_2, \cdots, C_m\}$ 。假定每个元组包含的数值型属性值为：$t_i = \{t_{i1}, t_{i2}, \cdots, t_{ik}\}$ ，每个类包含的数值型属性值为：$C_j = \{C_{j1}, C_{j2}, \cdots, C_{jk}\}$ ，则分类问题是要分配每个 t_i 到满足如下条件的类 C_j ：

$$\mathrm{sim}(t_i, C_j) >= \mathrm{sim}(t_i, C_1), \forall C_1 \in C, C_1 \neq C_j \tag{4-1}$$

式中，$\mathrm{sim}(t_i, C_j)$ 被称为相似性。在实际的计算中往往用距离来表征，距离越近，相似性越大，距离越远，相似性越小。

为了计算相似性，需要先得到表示每个类的向量。计算的方法有很多，例如代表每个类的向量可以通过计算每个类的中心来表示。下面给出简单的基于距离的分类算法，假定每个类 C_i 用类中心来表示，每个元组必须和每个类的中心来比较，从而可以找出最近的类中心。

基于距离的分类算法：

输入：每个类的中心 $C_1, C_2, \cdots, C_m$ ，待分类的原则 t

输出：输出类别 C

```
(1) dist = ∞; //距离初始化
(2) for i = 1 to m do
(3) if dist (Ci, t) < dist then begin
(4) C = i;
(5) dist = dist (Ci, t);
(6) end
```

基于距离的分类一个元组的复杂性一般是 $O(n)$。上面是基于距离的分类算法的基本思想，但在现实中经常被采用的一种基于距离的分类算法是 k-最临近方法（KNN，k Nearest Neighbors）。

k-最临近分类算法的思想比较简单。假定每个类包含多个训练数据，且每个训练数据都有一个唯一的类标号，k-最临近分类的主要思想就是计算每个训练数据到待分类元组的距离，取与待分类元组距离最近的 k 个训练数据，k 个数据中哪个类别的训练数据占多数，则待分类元组就属于哪个类别。

KNN 算法：

输入：训练数据 T，最临近数目 k，待分类元组 t

输出：输出类别 C

```
(1) N = ∅;
(2) for each d ∈ T do begin
(3) if |N| ≤ k then
(4) N = N ∪ {d};
(5) else
(6) if ∃ u ∈ N such that sim (t, u) < sim (t, d) then
(7) Begin
(8) N = N - {u};
(9) N = N ∪ {d};
(10) end
(11) end
(12) C = class to which the most u ∈ N are classified;
```

在上述算法中，T 表示训练数据，假如 T 中有 q 个元组，则对一个元组进行分类的复杂度为 $O(q)$。如果有 s 个元组被分类，则复杂度为 $O(sq)$。由于必须对训练数据中的每个元素进行比较，所以变成了一个复杂度为 $O(nq)$ 的问题。鉴于训练数据是常数（也许很大），复杂度被看作是 $O(n)$。

例 4－2 对于表 4－2 给出的训练数据，采用最临近方法对元组 <Pat，女，1.6> 进行分类。

表 4－2 训练数据

姓 名	性 别	身高/m	类 别
Kristina	女	1.6	矮
Jim	男	2	高
Maggie	女	1.9	中等
Martha	女	1.88	中等
Stephanie	女	1.7	矮
Bob	男	1.85	中等
Kathy	女	1.6	矮
Dave	男	1.7	矮
Worth	男	2.2	高
Steven	男	2.1	高
Debbie	女	1.8	中等
Todd	男	1.95	中等
Kim	女	1.9	中等
Amy	女	1.8	中等
Wynette	女	1.75	中等

假如只用高度参与距离计算，$k=5$。我们跟踪 k – 最临近算法的执行：

对 T 的前 $k=5$ 个记录，N = { < Kristina，女，1.6 >、< Jim，男，2 >、< Maggie，女，1.9 >、< Martha，女，1.88 >、< Stephanie，女，1.7 > }。

对 T 的第 6 个记录 d = < Bob，男，1.85 >，得到 N = { < Kristina，女，1.6 >、< Bob，男，1.85 >、< Maggie，女，1.9 >、< Martha，女，1.88 >、< Stephanie，女，1.7 > }。

对 T 的第 7 个记录 d = < Kathy，女，1.6 >，得到 N = { < Kristina，女，1.6 >、< Bob，男，1.85 >、< Kathy，女，1.6 >、< Martha，女，1.88 >、< Stephanie，女，1.7 > }。

对 T 的第 8 个记录 d = < Dave，男，1.7 >，得到 N = { < Kristina，女，1.6 >、< Dave，男，1.7 >、< Kathy，女，1.6 >、< Martha，女，1.88 >、< Stephanie，女，1.7 > }。

对 T 的第 9、10 个记录，没变化。

对 T 的第 11 个记录 d = < Debbie，女，1.8 >，得到 N = { < Kristina，女，1.6 >、< Dave，男，1.7 >、< Kathy，女，1.6 >、< Debbie，女，1.8 >、< Stephanie，女，1.7 > }。

对 T 的第 12 ~ 14 个记录，没变化。

对 T 的第 15 个记录 d = < Wynette，女，1.75 >，得到 N = { < Kristina，女，1.6 >、< Dave，男，1.7 >、< Kathy，女，1.6 >、< Wynette，女，1.75 >、< Stephanie，女，1.7 > }。

最后的输出元组是 < Kristina，女，1.6 >、< Dave，男，1.7 >、< Kathy，女，1.6 >、< Wynette，女，1.75 > 和 < Stephanie，女，1.7 >。在这五项中，四个属于矮个儿，一个属于中等个儿。最终 k – 最临近算法认为 Pat 为矮个儿。

4.4 决策树分类器

从数据中生成分类器的一个非常有效的方法是生成一个决策树（decision tree）。决策树表示方法是应用最广泛的逻辑方法之一，它从一组无次序、无规则的事例中推理出决策树表示形式的分类规则。决策树分类方法采用自顶向下的递归方式，在决策树的内部节点进行属性值的比较并根据不同的属性值判断从该节点向下的分支，在决策树的叶节点得到结论。因此，从决策树的根到叶节点的一条路径就对应着一条合取规则，整棵决策树就对应着一组析取表达式规则。

基于决策树的分类算法的一个最大的优点就是它在学习过程中不需要使用者了解很多的背景知识，只要训练例子能够用属性—结论式表示出来就能使用该算法来学习。

决策树是一个类似于流程图的树结构，其中每个内部节点表示在一个属性上的测试，每个分支代表一个测试输出，而每个树叶节点代表类或类分布。树的最顶层结点是根节点。一棵典型的决策树如图 4－1 所示。它表示概念 buys_ computer，它预测顾客是否能购买计算机。内部结点用矩形表示，而树叶节点用椭圆形表示。为了对未知的样本分类，样本的属性值在决策树上测试。决策树从根到叶结点的一条路径就对应着一条合取规则，所以决策树容易转换成分类规则。

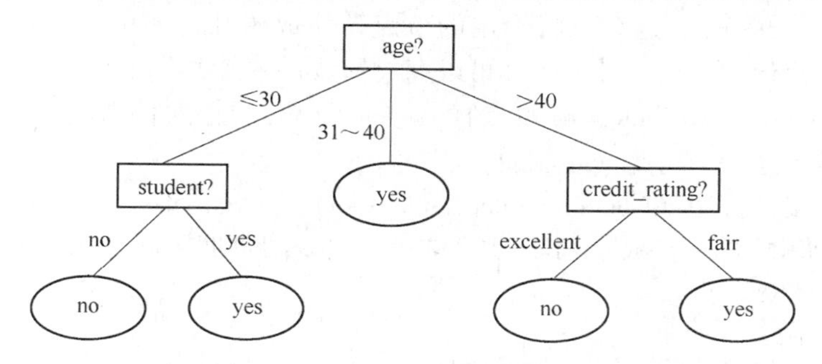

图 4－1　buys_ computer 的决策树

决策树是应用非常广泛的分类方法，目前有很多种决策树方法，但大多数决策树方法都是一种核心算法的变体，下面就介绍决策树分类的基本核心思想。

4.4.1　决策树基本算法

决策树分类算法通常分为两个步骤：构造决策树和修剪决策树。

4.4.1.1　构造决策树

构造决策树算法的输入是一组带有类别标记的例子，构造的结果是一棵二叉或多叉树。二叉树的内部节点一般表示为一个逻辑判断，如形式为 $\boldsymbol{a}_i = \boldsymbol{v}_i$ 的逻辑判断，其中 $\boldsymbol{a}_i$ 为属性，$\boldsymbol{v}_i$ 为该属性的某个属性值。树的边是逻辑判断的分支结果。多叉树的内部结点是属性，边是该属性的所有取值，有几个属性值，就有几条边。树的叶子节点都是类别标记。

构造决策树的方法是采用自上向下的递归构造，其基本思路是：

（1）以代表训练样本的单个节点开始建树（步骤①）。

（2）如果样本在同一个类，则该节点成为树叶，并用该类标记（步骤②和步骤③）。

（3）否则，算法使用称为信息增益的基于熵的度量作为启发信息，选择能够给最好地将样本分类的属性（步骤⑥）。该属性成为该节点的“测试”或“判定”属性（步骤⑦）。需要注意的是，在这类算法中，所有的属性都是分类的，即取离散值的。连续值的属性必须离散化。

（4）对测试属性的每个已知的值，创建一个分支，并据此划分样本（步骤⑧～步骤⑩）。

(5) 算法使用同样的过程，递归地形成每个划分上的样本决策树。一旦一个属性出现在一个节点上，就不必考虑该结点的任何后代（步骤⑬）。

(6) 递归划分步骤，当下列条件之一成立时停止：

1）给定节点的所有样本属于同一类（步骤②和步骤③）。

2）没有剩余属性可以用来进一步划分样本（步骤④）。在此情况下，采用多数表决（步骤⑤）。这涉及将给定的节点转换成树叶，并用 samples 中的多数所在的类别标记它。换一种方式，可以存放节点样本的类分布。

3）分支 test_ attribute = a_i 没有样本（步骤⑪）。在这种情况下，以 samples 中的多数类创建一个树叶（步骤⑫）。

构造决策树算法（Generate_ decision_ tree）：

输入：训练样本 samples，由离散值属性表示；候选属性的集合 attribute_ list

输出：一棵决策树

(1) 创建节点 N;

(2) if samples 都在同一个类 C then

(3) 返回 N 作为叶节点，以类 C 标记；

(4) if attribute_ list 为空 then

(5) 返回 N 作为叶节点，标记为 samples 中最普通的类；//多数表决

(6) 选择 attribute_ list 中具有最高信息增益的属性 test_ attribute;

(7) 标记节点 N 为 test_ attribute;

(8) for each test_ attribute 中的已知值 a_i//划分 samples

(9) 由节点 N 长出一个条件为 test_ attribute = a_i 的分支；

(10) 设 s_i 是 samples 中 test_ attribute = a_i 的样本集合；//一个划分

(11) if s_i 为空 then

(12) 加上一个树叶，标记为 samples 中最普通的类；

(13) else 加上一个有 Generate_ decision_ tree（s_i，attribute_ list - test_ attribute）返回的节点；

构造好的决策树的关键在于如何选择好的逻辑判断或属性。对于同一组例子，可以构造很多决策树。研究结果表明，通常树越小则树的预测能力越强。由于构造最小的树是 NP - Hard 问题，所以只能采用启发式策略来挑选逻辑判断或属性。属性选择依赖于各种对例子子集的不纯度（impurity）度量方法。不纯度度量方法包括信息增益（information gain）、信息增益比（gain ratio）、Gini - index、距离度量（distance measure）、J - measure、G 统计、证据权重（weight of evidence）、最小描述长度（MLP）、正交法（ortogonality measure）、相关度（relevance）和 Relief 等。不同的度量有不同的效果，特别是对于多值属性，选择合适的度量方法对于结果的影响是很大的。

4.4.1.2 修剪决策树

决策树的构建依赖于训练样本，可能存在对训练样本过度适应问题。即由于

数据中的噪声和孤立点，使得许多分支反映的是训练数据中的异常。例如，训练样本中的噪声数据和统计波动可能会使决策树产生不必要的分支，从而导致在使用决策树模型对观察样本实施分类时出错。为了避免这种错误，需要对决策树进行修剪，除去不必要的分支，同时也能使树得到简化而变得更容易理解。

常用的基本剪枝策略有两种：先剪枝（pre - pruning）和后剪枝（post - pruning）。先剪枝技术限制决策树的过度生长（如 CHAID、ID3、C4.5 算法等），后剪枝技术则是待决策树生成后再进行剪枝（如 CART 算法等）。

先剪枝：最直接的先剪枝方法是事先限定决策树的最大生长高度，使决策树不能过度生长。此停止标准一般能够取得较好的效果。不过指定树的高度要求用户对数据的取值分布有较为清晰的把握，而且需要对参数值进行反复尝试，否则无法给出一个较为合理的树高度阈值。更普遍的做法是采用统计意义下的χ^2检验、信息增益等度量，评估每次节点分裂对系统性能的增益。如果节点分裂的增益值小于预先给定的阈值，则不对该节点进行扩展。如果在最好情况下的扩展增益都小于阈值，即使有些节点的样本不属于同一类，算法也可以终止。选取阈值是比较困难的，阈值较高可能导致决策树过于简化，而阈值较低可能对树的化简不够充分。

先剪枝存在视野效果的问题。在相同的标准下，当前的扩展不满足标准，但进一步的扩展有可能满足标准。采用先剪枝的算法有可能过早的停止决策树的构造，但由于不必生成完整的决策树，算法的效率仍然很高，适合应用于大规模问题。

后剪枝：后剪枝技术允许决策树“完全生长”，然后根据一定的规则，剪去决策树中那些不具有一般代表性的叶节点或分支。

后剪枝算法有自上而下和自下而上两种剪枝策略。自下而上的算法首先从最底层的内节点开始剪枝，剪去满足一定条件的内节点，在生成的新决策树上递归调用这个算法，直到没有可以剪枝的节点为止。自上而下的算法是从根节点开始向下逐个考虑节点的剪枝问题，只要节点满足剪枝条件就进行剪枝。

决策树修剪的基本算法：

输入：决策树的节点 N

输出：构建决策树的最小代价

(1) prune_ tree（节点 N）;

(2) if（节点 N 为叶节点）

(3) 返回 C(t) +1;

(4) minCost1 = prune_ tree（N1）;

(5) minCost2 = prune_ tree（N2）;

(6) minCostN = min $\{C(t)+1,\ C_{split}(N)+1+minCost1+minCost2\}$;

(7) if（minCostN = = C(t) +1）

（8）将 N 的子节点 N1 和 N2 从决策树中修剪掉；

（9）返回 minCostN；

在算法中，t 为属于节点 N 的所有训练样本，$C(t)$ 和 $C_{split}(N)$ 分别为 N 作为叶节点和内节点来构建决策树的代价，算法的基本思想就是要构建决策树的总代价最小。计算 $C(t)$ 的公式为：

$$C(t) = \sum_i n_i \log_2 \frac{n}{n_i} + \frac{k-1}{2}\log_2 \frac{n}{2} + \log_2 \frac{\pi^{\frac{k}{2}}}{\Gamma(\frac{k}{2})} \tag{4-2}$$

式中，n 为 t 中样本的个数；k 为 t 中样本的类别数；n_i 为 t 中属于类 i 的样本数。

计算 $C_{split}(N)$ 要分为两种情况：

（1）当节点 N 的分支属性为连续属性时，

$$C_{split}(N) = \log_2 a + \log_2(v-1) \tag{4-3}$$

（2）当节点 N 的分支属性为离散属性时，

$$C_{split}(N) = \log_2 a + \log_2(2^v - 2) \tag{4-4}$$

式中，a 为决策树中用于节点分裂的属性的个数；v 为分支属性可能取值的个数。

目前，决策树修剪策略主要有三种：代价复杂度修剪（cost - complexity pruning）、悲观修剪（pessimistic pruning）和基于最小描述长度（MDL，minimum descreption length）原理的修剪。代价复杂度修剪使用独立的样本用于修剪，这种策略适用于训练样本比较多的情况。悲观修剪是 Quinlan 在 1987 年提出的，该方法将所有的样本用于树的构建和修剪，但这种方法产生的树太大，并且有时候精度不高。在训练样本数目较少的情况下，需要将所有的样本既用于树的构建，又用于树的修剪，基于 MDL 原理的修剪是使用较多并且效果较好的方法。

4.4.2 决策树分类举例

例 4-3 表 4-3 给出了一个训练样本集的例子[3]。

表 4-3 训练样本集

outlook	temperature	humidity	windy	play
sunny	hot	high	false	no
sunny	hot	high	true	no
overcast	hot	high	false	yes
rainy	mild	high	false	yes
rainy	cool	normal	false	yes
rainy	cool	normal	true	no
overcast	cool	normal	true	yes
sunny	mild	high	false	no

续表4-3

outlook	temperature	humidity	windy	play
sunny	cool	normal	false	yes
rainy	mild	normal	false	yes
sunny	mild	normal	true	yes
overcast	mild	high	true	yes
overcast	hot	normal	false	yes
rainy	mild	high	true	no

每个样本有四个属性，outlook、temperature、humidity 和 windy，它们都是分类属性，即属性的取值范围都是离散值的集合。类标号用属性 play 表示，它的取值范围也是离散值的集合。如果用 dom（*A*）表示属性 *A* 的取值范围，那么

dom（outlook）＝{sunny，overcast，rainy}

dom（temperature）＝{hot，mild，cool}

dom（humidity）＝{high，normal}

dom（windy）＝{true，false}

dom（play）＝{yes，no}

分类算法的目的就是根据训练样本建立一棵决策树，用来预测在各种天气状况下是出门玩耍（paly = yes），还是待在家里（play = no）。

使用决策树算法对样本进行训练，得到的决策树如图4-2所示。在决策树中，总共产生了13个节点，其中叶节点7个，内部节点6个。在决策树中，每一个叶节点代表样本的一个划分，属于同一个叶节点的训练样本的类标号相同。而且，在用决策树对没有类标号的训练样本归类时，每个训练样本最终都被归入一个叶节点。因此，所有叶节点必须带有一个类标号，才能实现对所有样本的分类。内部节点都包含一个分支方案，以确定样本是归入该内部节点的左子树还是归入右子树，如果样本的属性值满足分支方案，则把样本归入左子树，否则把样本归入右子树。

决策树生成后，就可以用来对未知类标号的样本进行分类。例如，假设有一个不带类标号的样本（rainy，cool，high，false），分类时，从根节点开始，第一个分支方案是 humidity = {high}，满足分支测试，进入根节点的左子树。第二个分支方案是 outlook = {rain，overcast}，满足分支测试，进入左子树。第三个分支方案是 outlook = {rainy}，满足分支测试，进入左子树。第四个分支方案是 windy = {true}，不满足分支测试，进入右子树。此时，样本已经到达一个叶节点，并且节点的类标号是 yes，于是该样本的类标号 play = yes。这样就完成了对一个样本的分类。

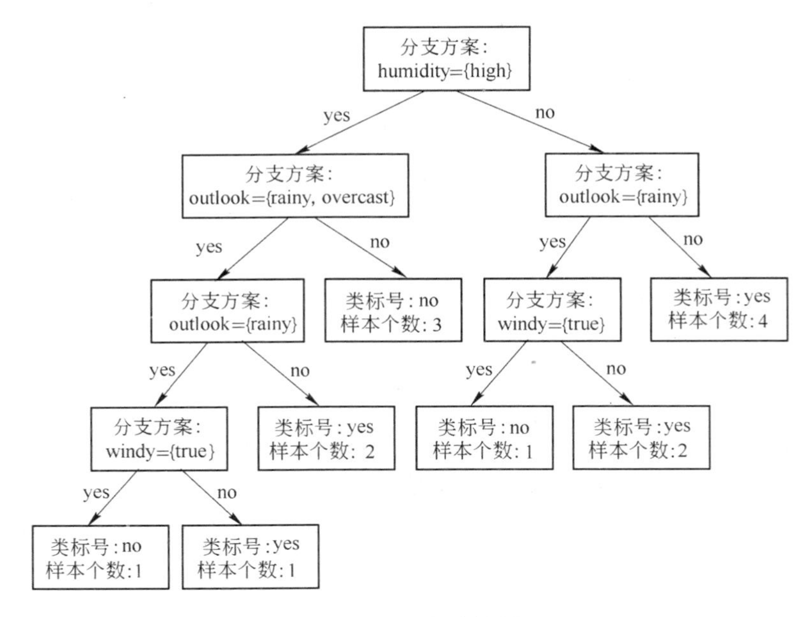

图 4－2　一棵决策树

4.4.3　ID3 算法

ID3 算法是 Quinlan 为了从数据中归纳分类模型而构造的算法，它是一个著名决策树生成方法。

ID3 的基本概念如下：

（1）决策树的每个内部节点对应样本的一个非类别属性，该节点的每棵子树代表这个属性的值。一个叶节点代表从根节点到该叶节点的路径对应的样本所属的类别属性值。

（2）决策树的每个内部节点都与属性中具有最大信息量的非类别属性相关联。

（3）采用信息增益来选择能够最好地将样本分类的属性，通常用熵来衡量一个内部节点的信息量。

ID3 的基本思想是自顶向下地使用贪心算法搜索训练样本集，在每个节点处测试每一个属性，从而构造决策树。为了选择训练样本的最优分支属性，ID3 使用信息增益作为分支指示。

4.4.3.1　信息增益计算

信息增益基于信息论中熵（Entropy）的概念。ID3 总是选择具有最高信息增益（或最大熵压缩）的属性作为当前节点的测试属性。该属性使得对结果划分中的样本分类所需的信息量最小，并反映划分的最小随机性或“不纯性”。这种信息理论方法使得对一个对象分类所需的期望测试数目达到最小，并尽量确保找到一棵简单的（不必是最简单的）树来刻画相关的信息。

设 S 是 s 个数据样本的集合。假定类标号属性具有 m 个不同值，定义 m 个不同类 $C_i(i = 1,2,\cdots,m)$ 。设 s_i 是类 C_i 中的样本数。对一个给定的样本分类所需的熵或者期望信息由下式给出：

$$I(s_1,s_2,\cdots,s_m) = -\sum_{i=1}^{m} p_i lb(p_i) \tag{4-5}$$

式中，p_i 为任意样本属性 C_i 的概率。一般使用 s_i/s 来估计。注意，对数函数以 2 为底，因为信息用二进位编码。

设属性 A 具有 v 个不同值 $\{a_1,a_2,\cdots,a_v\}$ 。可以用属性 A 将 S 划分为 v 个子集 $\{S_1,S_2,\cdots,S_v\}$ ，其中，S_j 包含 S 中的在 A 上具有值 a_j 的样本。如果 A 作为测试属性（即最好的分裂属性），则这些子集对应于由包含集合 S 的节点生长出来的分支。

设 S_{ij} 是子集 S_j 中类 C_i 的样本数。根据由 A 划分成子集的熵由下式给出：

$$E(A) = -\sum_{j=1}^{v} \frac{s_{1j} + s_{2j} + \cdots + s_{mj}}{s} I(s_{1j},s_{2j},\cdots,s_{mj}) \tag{4-6}$$

式中，$\frac{s_{1j} + s_{2j} + \cdots + s_{mj}}{s}$ 充当第 j 个子集的权，并且等于子集（即 A 值为 a_j ）中的样本个数除以 S 中的样本总数。熵值越小，子集划分的纯度越高。注意，根据上面给出的期望信息计算公式，对于给定的子集 S_j ，其期望信息由下式计算：

$$I(s_{1j},s_{2j},\cdots,s_{mj}) = -\sum_{i=1}^{m} p_{ij} lb(p_{ij}) \tag{4-7}$$

式中，$p_{ij} = \frac{s_{ij}}{|s_j|}$ 为 S_j 中的样本属于类 C_i 的概率。

由期望信息和熵值可以得到对应的信息增益值。对于在 A 上分支将获得的信息增益可以由下式计算：

$$\text{Gain}(A) = I(s_1,s_2,\cdots,s_m) - E(A) \tag{4-8}$$

ID3 算法计算每个属性的信息增益，并选取具有最高增益的属性作为给定集合 S 的测试属性。对被选取的测试属性创建一个节点，并以该属性标记，对该属性的每个值创建一个分支，并据此划分样本。

例 4-4 下面以一个最简单的例子来说明 ID3 算法分类的过程，所采用的数据集如下：

数据集是关于动物的，包含 5 个属性：warm_ blooded、feathers、fur、swims、lays_ eggs。

为了简单起见，每个属性只有两个值：0 和 1。选取 6 个样本，表 4-4 给出了相应的样本值。

表 4－4 样本取值

	warm_ blooded	feathers	fur	swims	lays_ eggs
1	1	1	0	0	1
2	0	0	0	1	1
3	1	1	0	0	1
4	1	1	0	0	1
5	1	0	0	1	0
6	1	0	1	0	0

最终需要分类的属性为 lays_ eggs，它有 2 个不同值 0 和 1，1 有 4 个样本，0 有 2 个样本。为计算每个属性的信息增益，首先给定样本 lays_ eggs 分类所需的期望信息：

$$I(s_1,s_2) = I(4,2) = -\frac{4}{6}lb\frac{4}{6} - \frac{2}{6}lb\frac{2}{6} = 0.918$$

接下来计算每个属性的熵。从 warm_ blooded 属性开始，观察 warm_ blooded 的每个样本值的分布。对于 warm_ blooded＝1，有 3 个 lays_ eggs＝1，2 个 lays_ eggs＝0；对于 warm_ blooded＝0，有 1 个 lays_ eggs＝1，没有 lays_ eggs＝0。因此，对每个分布计算期望信息：

warm_ blooded＝1

$$s_{11} = 3, s_{21} = 2, I(s_{11}, s_{21}) = 0.971$$

warm_ blooded＝0

$$s_{12} = 1, s_{22} = 0, I(s_{12}, s_{22}) = 0$$

所以，如果样本按 warm_ blooded 划分，对一个给定的样本分类对应的熵为：

$$E(\text{warm\_.blooded}) = \frac{5}{6}I(s_{11}, s_{21}) + \frac{1}{6}I(s_{12}, s_{22}) = 0.809$$

最后，计算这种划分的信息增益是：

$$\text{Gain}(\text{warm\_ blooded}) = I(s_1, s_2) - E(\text{warm\_ blooded}) = 0.162$$

类似的，可以计算：

Gain（feathers）＝0.459；

Gain（fur）＝0.316；

Gain（swims）＝0.044。

由于 feathers 在属性中具有最高的信息增益，所以它首先被选作测试属性。并以此创建一个节点，用 feathers 标记，并对于每个属性值，引出一个分支，数据集被划分成两个子集。图 4－3 给出了 feathers 节点及其分支。

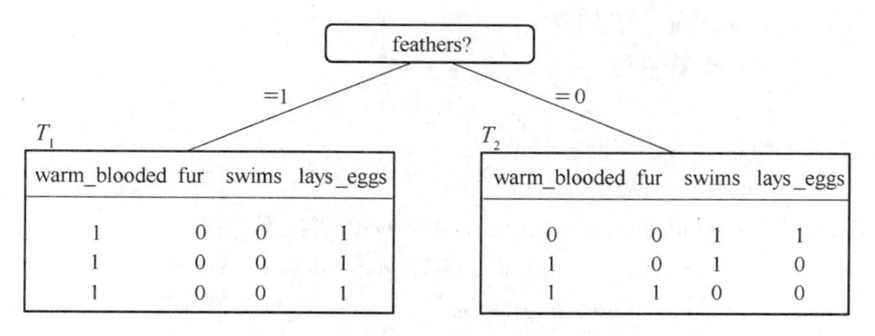

T_1

warm_blooded	fur	swims	lays_eggs
1	0	0	1
1	0	0	1
1	0	0	1

T_2

warm_blooded	fur	swims	lays_eggs
0	0	1	1
1	0	1	0
1	1	0	0

图 4－3　feathers 节点及其分支

根据 feathers 的取值，数据集被划分成两个子集，对于决策树生成过程来说，是子树生成过程。下面先看左子树的生成过程，再看右子树的生成过程。

对于 feathers = 1 的所有元组，其类别标记均为 1。所以，根据决策树生成算法得到一个叶节点，类别标记为 lays_ eggs = 1。

对于 feathers = 0 的右子树中的所有元组，计算其他三个属性的信息增益：

Gain（warm_ blooded） = 0. 918

Gain（fur） = 0. 318

Gain（swims） = 0. 318

显然，对于第一次划分后的右子树 T_2，可以把 warm_ blooded 作为决策属性，以此类推，可以通过计算信息增益和选取当前最大的信息增益属性来扩展树。最后，得到图 4－4 所示的决策树。

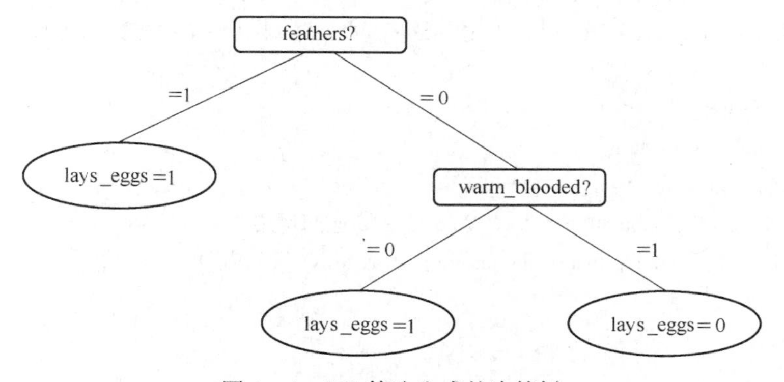

图 4－4　ID3 算法生成的决策树

通过上面的例子，可以清楚地看出 ID3 算法是如何对给定数据集进行分类的，下面给出 ID3 算法的描述。

4.4.3.2　ID3 算法描述

ID3 算法：

输入：T：table//训练数据

C：calssification attribute//类别属性

输出：decision tree//决策树

(1) begin

(2) if (T is empty) then return (null);

(3) N = a new node; //创建节点 *N*

(4) if (there are no predictive attributes in T) then//第一种情况

(5) label N with most common value of C in T (deterministic tree) or

with frequencies of C in T (probabilistic tree);

//如果没有剩余属性进一步划分 *T*，把给定的节点转换成树叶，用 *T* 中多数元组所在的类标记它

(6) else if (all instances in T have the same value V of C) then//第二种情况

(7) label N, "X. C = V with probability 1";

//如果 *T* 中所有样本的类别都一样，则标记 *N*，类别为 *V*

(8) else begin

(9) for each attribute A in T compute avg entropy (A, C, T);

//对 *T* 中每个属性 *A* 对其计算 avg entropy (*A*, *C*, *T*)

(10) AS = the attribute for which avg entropy (A, C, T) is minima;

//把 avg entropy (*A*, *C*, *T*) 最小的属性标记 *AS*

(11) if (avg entropy (A, C, T) is not substantially smaller than entropy (C, T)) then

//第三种情况

(12) label N with most common value of C in T (deterministic tree) or with

Frequencies of C in T (probabilistic tree);

//如果 avg entropy (*A*, *C*, *T*) 不比 entropy (*C*, *T*) 小，用 *T* 中多数元组所在的

类标记 *N*

(13) else begin

(14) label N with AS;

(15) for each value V of AS do begin

(16) N1 = ID3 (subtable (T, A, V), C); //递归调用

(17) if (N1! = null) then make an arc from N to N1 labelled V;

(18) end

(19) end

(20) end

(21) return N;

(22) end

4.4.3.3 ID3 算法性能分析

ID3 算法可以被描述成一个假设空间中搜索一个拟合训练样例的假设。可能的决策树的集合就是被 ID3 算法搜索的假设空间。ID3 算法是以一种从简单到复杂的爬山算法遍历整个假设空间的，从空的树开始，逐步考虑更加复杂的假设，

目的是搜索到一个正确分类训练数据的决策树。信息增益度量是引导这种爬山搜索的评估函数。

通过观察 ID3 算法的搜索空间和搜索策略，可以深入认识此算法的优缺点：

（1）在 ID3 算法的假设空间中包含所有的决策树，它是关于现有属性的有限离散值函数的一个完整空间。因为每个有限离散值函数可被表示为某个决策树，所以 ID3 算法避免了搜索不完整空间的一个主要风险：假设空间可能不包含目标函数。

（2）当遍历决策树空间时，ID3 仅维护单一的当前假设，失去了表示所有一致假设所带来的优势。

（3）ID3 算法对训练样本的质量依赖性很强。训练样本的质量主要是指是否存在噪声和是否存在足够的样本。

（4）ID3 算法的决策树模型是多叉树，节点的子树个数取决于分支属性的不同取值个数，这不利于处理分支属性的取值数目较多的情况。目前流行的决策树算法大多都采用二叉树模型。

（5）ID3 算法不包含树的修剪，这样模型受噪声数据和统计波动的影响比较大。

（6）在不重建整棵树的条件下，不能方便地对决策树做更改。也就是说，当一个新样本不能被正确地分类时，就需要对树进行修改以适用于这一新样本。

有两种途径可以用来避免决策树学习过程中的过度拟合，即先剪枝和后剪枝。无论是通过及早停止还是后剪枝来得到正确规模的树，一个关键问题是使用什么样的准则来确定最终正确树的规模，解决这个问题的方法有以下几种[4]：

（1）使用与训练样例截然不同的一套分离的样例，来评估通过后剪枝方法从树上修建节点的效用。

（2）使用所有可用数据进行训练，但进行统计测试来估计扩展（或修剪）一个特定的节点是否有可能改善在训练集合外的实例上的性能。

（3）使用一个明确的标准来衡量训练样例和决策树的复杂度，当这个编码的长度最小时停止树增长。这个方法基于一种启发式规则，称为最小描述长度规则。

4.5 贝叶斯分类器

贝叶斯分类方法是一种对属性集和类变量的概率关系建模的统计分类方法。本节首先介绍贝叶斯定理，它是一种把类的先验知识和从数据中收集的新证据相结合的统计原理；然后解释贝叶斯定理在分类问题中的应用；最后介绍一种在贝叶斯学习方法中实用性很高的称为朴素贝叶斯分类方法。

4.5.1 贝叶斯定理

假设 X，Y 是一对随机变量，其联合概率 $P(X=x, Y=y)$ 是指 X 取值 x 且 Y 取值 y 的概率，条件概率是指一随机变量在另一随机变量取值已知的情况下取某一特定值的概率。X 和 Y 的联合概率和条件概率满足如下关系：

$$P(X,Y) = P(Y|X) \times P(X) = P(X|Y) \times P(Y) \tag{4-9}$$

调整式（4-9）后面的两个表达式得到如下计算 $P(Y|X)$ 的简单有效的方法，称为贝叶斯定理：

$$P(Y|X) = \frac{P(X|Y)P(Y)}{P(X)} \tag{4-10}$$

$P(Y)$ 是先验概率（prior probability），或称 Y 的先验概率。$P(X|Y)$ 代表假设 Y 成立的情况下，观察到 X 的概率。$P(Y|X)$ 是后验概率（posterior probability），或称条件 X 下 Y 的后验概率。

例 4-5 考虑两队之间的足球比赛：队 0 和队 1。假设 65% 的比赛队 0 获胜，剩余的比赛队 1 获胜。队 0 获胜的比赛中只有 30% 是在队 1 的主场，而队 1 获胜的比赛中 75% 是主场获胜。如果下一场比赛在队 1 的主场进行，哪一支球队最有可能获胜呢？

应用贝叶斯定理可以解决此预测问题。为方便表述，用随机变量 X 表示主场球队，随机变量 Y 表示获胜球队。X 和 Y 的取值范围是集合 $\{0, 1\}$。因此，问题中给出的信息可总结如下：

队 0 获胜的概率是 $P(Y=0)=0.65$；

队 1 获胜的概率是 $P(Y=1)=1-P(Y=0)=0.35$；

队 1 获胜时作为主场的概率是 $P(X=1|Y=1)=0.75$；

队 0 获胜时队 1 作为主场的概率是 $P(X=1|Y=0)=0.3$。

我们的目的是计算 $P(X=1|Y=1)$，即队 1 在主场获胜的概率，并与 $P(Y=0|X=1)$ 比较。应用贝叶斯定理，则

$$\begin{aligned}
P(Y=1|X=1) &= \frac{P(X=1|Y=1) \times P(Y=1)}{P(X=1)} \\
&= \frac{P(X=1|Y=1) \times P(Y=1)}{P(X=1,Y=1)+P(X=1,Y=0)} \\
&= \frac{P(X=1|Y=1) \times P(Y=1)}{P(X=1|Y=1)P(Y=1)+P(X=1|Y=0)P(Y=0)} \\
&= \frac{0.75 \times 0.35}{0.75 \times 0.35 + 0.3 \times 0.65} \\
&= 0.5738
\end{aligned}$$

其中，第二行用到的是全概率公式，而

$$P(Y = 0 \mid X = 1) = 1 - P(Y = 1 \mid X = 1) = 0.4262$$

因为

$$P(Y = 1 \mid X = 1) > P(Y = 0 \mid X = 1)$$

所以，队 1 更有机会赢得下一场比赛。

4.5.2 贝叶斯定理在分类中的应用

在训练阶段，要根据从训练数据中收集的信息，对 X 和 Y 的每一种组合学习后验概率 $P(Y \mid X)$。得到这些概率后，通过找出使后验概率 $P(Y' \mid X')$ 最大的类 Y' 可以对预测记录 X' 进行分类[5]。

例 4-6 考虑任务：预测一个贷款者是否会拖欠还款。表 4-5 中的训练集有如下属性：有房、婚姻状况和年收入。拖欠还款的贷款者属于类 yes，还清贷款的贷款者属于类 no。

表 4-5 预测贷款拖欠问题的训练集

Tid	有房	婚姻状况	年收入/千元	拖欠贷款
1	是	单身	125	否
2	否	已婚	100	否
3	否	单身	70	否
4	是	已婚	120	否
5	否	离异	95	是
6	否	已婚	60	否
7	是	离异	220	否
8	否	单身	85	是
9	否	已婚	75	否
10	否	单身	90	是

假设给定一测试记录有如下属性集：$X =$（有房 = 否，婚姻状况 = 已婚，年收入 = \$120000）。要分类该记录，需要利用训练数据中的可用信息计算后验概率 $P(\text{yes} \mid X)$ 和 $P(\text{no} \mid X)$。因此，该记录分类为 no。

准确估计类标号和属性值的每一种可能组合的后验概率非常困难，因为即使属性数目不是很多，仍然需要很大的训练集。此时，贝叶斯定理很有用，因为它允许用先验概率 $P(Y)$、类条件（class-conditional）概率 $P(X \mid Y)$ 和证据 $P(X)$ 来表示后验概率：

$$P(Y \mid X) = \frac{P(X \mid Y)P(Y)}{P(X)} \tag{4-11}$$

在比较不同 Y 值的后验概率时，分母 $P(X)$ 总是常数，可以忽略。先验概

率 $P(Y)$ 可以通过训练集中属于每个类的训练记录所占的比例很容易地估计。对类条件概率 $P(X \mid Y)$ 的估计，我们介绍一种简单常用的贝叶斯分类方法：朴素贝叶斯分类器。

4.5.3 朴素贝叶斯分类器

朴素贝叶斯分类的工作过程如下：

(1) 每个数据样本用一个 n 维特征向量 $X = \{x_1, x_2, \cdots, x_n\}$ 表示，分别描述对 n 个属性 $A_1, A_2, \cdots, A_n$ 样本的 n 个度量。

(2) 假定有 m 个类 $C_1, C_2, \cdots, C_m$，给定一个未知的数据样本 X（即没有类标号），分类器将预测 X 属于具有最高后验概率（条件 X 下）的类。也就是说，朴素贝叶斯分类将未知的样本分配给类 $C_i(1 \leqslant i \leqslant m)$ 当且仅当

$$P(C_i \mid X) > P(C_j \mid X), 1 \leqslant j \leqslant m, j \neq i$$

这样，最大化 $P(C_i \mid X)$。其 $P(C_i \mid X)$ 最大的类 C_i 称为最大后验假定。根据贝叶斯定理有：

$$P(C_i \mid X) = \frac{P(X \mid C_i)P(C_i)}{P(X)} \tag{4-12}$$

(3) 由于 $P(X)$ 对于所有类为常数，只需要 $P(X \mid C_i)P(C_i)$ 最大即可。如果 C_i 类的先验概率未知，则通常假定这些类是等概率的，即 $P(C_1) = P(C_2) = \cdots = P(C_m)$，因此问题就转换为对 $P(X \mid C_i)$ 的最大化（$P(X \mid C_i)$ 常被称为给定 C_i 时数据 X 的似然度，而使 $P(X \mid C_i)$ 最大的假设 C_i 称为最大似然假设）。否则，需要最大化 $P(X \mid C_i)P(C_i)$。注意，类的先验概率可以用 $P(C_i) = s_i/s$ 计算，其中 s_i 是类 C_i 中的训练样本数，而 s 是训练样本总数。

(4) 给定具有许多属性的数据集，计算 $P(X \mid C_i)$ 的开销可能非常大。为降低计算 $P(X \mid C_i)$ 的开销，可以做类条件独立的朴素假定。给定样本的类标号，假定属性值相互条件独立，即在属性间不存在依赖关系。这样

$$P(X \mid C_i) = \prod_{k=1}^{n} P(x_k \mid C_i) \tag{4-13}$$

概率 $P(x_1 \mid C_i), P(x_2 \mid C_i), \cdots, P(x_n \mid C_i)$ 可以由训练样本估值。其中：

1) 如果 A_k 是分类属性，则 $P(x_k \mid C_i) = s_{ik}/s_i$，其中 s_{ik} 是在属性 A_k 上具有值 x_k 的类 C_i 的训练样本数，而 s_i 是 C_i 中的训练样本数。

2) 如果 A_k 是连续值属性，则通常假定该属性服从高斯分布。因而，

$$P(x_k \mid C_i) = g(x_k, \mu_{C_i}, \sigma_{C_i}) = \frac{1}{\sqrt{2\pi}\sigma_{C_i}} e^{-\frac{(x_k - \mu_{C_i})^2}{2\sigma_{C_i}^2}} \tag{4-14}$$

式中，给定类 C_i 的训练样本属性 A_k 的值；$g(x_k, \mu_{C_i}, \sigma_{C_i})$ 为属性 A_k 的高斯密度函数，而 μ_{C_i}, σ_{C_i} 分别为平均值和标准差。

(5) 为对未知样本 X 分类，对每个类 C_i ，计算 $P(X \mid C_i)P(C_i)$ 。样本 X 被指派到类 C_i ，当且仅当

$$P(X \mid C_i)P(C_i) > P(X \mid C_j)P(C_j), 1 \leqslant j \leqslant m, j \neq i$$

换言之，X 被指派到 $P(X \mid C_i)P(C_i)$ 其最大的类 C_i 。

例 4－7 对于表 4－6 给出的训练数据，使用朴素贝叶斯分类预测类标号。

表 4－6 顾客数据库训练数据元组

RID	age	income	student	credit_ rating	Class: buys_ computer
1	< =30	high	no	fair	no
2	< =30	high	no	excellent	no
3	31…40	high	no	fair	yes
4	>40	medium	no	fair	yes
5	>40	low	yes	fair	yes
6	>40	low	yes	excellent	no
7	31…40	low	yes	excellent	yes
8	< =30	medium	no	fair	no
9	< =30	low	yes	fair	yes
10	>40	medium	yes	fair	yes
11	< =30	medium	yes	excellent	yes
12	31…40	medium	no	excellent	yes
13	31…40	high	yes	fair	yes
14	>40	medium	no	excellent	no

数据样本用属性 age、income、student 和 credit_ rating 描述，类标号属性 buys_ computer 具有两个不同值（即 {yes、no}）。设 C_1 对应于类 buys_ computer = “yes”，而 C_2 对应于类 buys_ computer = “no”。希望分类的未知样本为：

X = (age = "< = 30", income = "medium", student = "yes", credit_ rating = "fair")

需要最大化 $P(X \mid C_i)P(C_i), i = 1,2$ 。每个类的先验概率 $P(C_i)$ 可以根据训练样本计算：

P (buys_ computer = "yes") = 9/14 = 0.643

P (buys_ computer = "no") = 5/14 = 0.357

为计算 $P(X \mid C_i), i = 1,2$ ，计算下面的条件概率：

P (age = "< =30" | buys_ computer = "yes") = 2/9 = 0.222

P (age = "< =30" | buys_ computer = "no") = 3/5 = 0.600

P (income = "medium" | buys_ computer = "yes") = 4/9 = 0.444

P (income = "medium" | buys_ computer = "no") = 2/5 = 0.400

P (student = "yes" | buys_ computer = "yes") = 6/9 = 0.667

P (student = "yes" | buys_ computer = "no") = 1/5 = 0.200

P (credit_ rating = "fair" | buys_ computer = "yes") = 6/9 = 0.667

P (credit_ rating = "fair" | buys_ computer = "no") = 2/5 = 0.400

使用以上概率，得到：

P (X | buys_ computer = "yes") = 0.222 × 0.444 × 0.667 × 0.667 = 0.044

P (X | buys_ computer = "no") = 0.600 × 0.400 × 0.200 × 0.400 = 0.019

P (X | buys_ computer = "yes") P (buys_ computer = "yes") = 0.044 × 0.643 = 0.028

P (X | buys_ computer = "no") P (buys_ computer = "no") = 0.019 × 0.357 = 0.007

因此，对于样本 X，朴素贝叶斯分类预测 buys_ computer = “yes”。

4.6 基于规则的分类器

基于规则的分类器是使用一组“if…then…”规则来分类记录的技术。该技术与其他表示方法相比，分类器采用规则形式表达具有易理解性。

4.6.1 规则的描述

在一个决策表（U, $C \cup D$, V, f）中，若 $\forall X \in U/D_1$，X 关于由 C_1 导出的近似空间的下近似和上近似相等，即 $\underline{\text{apr}}c_1 X = \overline{\text{apr}}c_1 X$，则称条件属性子集 $C_1 \subseteq C$ 关于决策属性 $D_1 \subseteq D$ 是协调的，这时也称决策表（U, $C_1 \cup D_1$, V, f）是协调的，否则为不协调。如果用包含度理论来解释，则决策表（U, $C_1 \cup D_1$, V, f）是协调的当且仅当包含度：

$$D(D_1/C_1) = 1 \tag{4-15}$$

式中，$D(D_1/C_1) = \dfrac{|\underline{\text{apr}}c_1(U/D_1)|}{|\overline{\text{apr}}c_1(U/D_1)|}$。

从协调的决策表中可以抽出确定性规则；而从不协调的决策表中只能抽出不确定性的规则或可能性规则有时也称为广义决策规则，这是因为在不协调的系统中存在着矛盾的事例。

决策表中的决策规则一般可以表示为形式：

$$\wedge (c, v) \rightarrow \vee (d, w)$$

其中 $c \in C$，$v \in V_c$，$w \in V_d$。$\wedge (c, v)$ 称为规则的条件部分，而 $\vee (d, w)$ 称为规则的决策部分。上面的规则形式也就是如下形式：

if condition then action

以上称为 IF—THEN 规则。决策规则即使是最优的也不一定唯一。

4.6.2 规则的有效性

由于决策表可能是不协调的，从中抽取出的规则就可能是不确定的。为了考虑不确定性规则，提出了规则的有效性，也称为规则的置信度，用来表示规则的正确程度。

规则的有效性是指在信息系统中满足规则的条件部分同时也满足规则的决策部分的对象的百分比。可形式定义为：

$$\mu = \mu_p = |X_i \cap Y_i| / |X_i| \quad 0 \leqslant \mu \leqslant 1 \tag{4-16}$$

其中 $IS = (U, C \cup D)$，$U/IND(P) = \{X_1, X_2, \cdots, X_n\}$，$U/IND(D) = \{Y_1, Y_2, \cdots, Y_m\}$，$P \subseteq C$，$|X_i|$ 表示满足 X_i 的基数。

对于不确定性规则可能 $0 \leqslant \mu \leqslant 1$，若 $\mu = 1$，则规则为确定性的，即为确定。下面以一个例子来具体说明。

例 4-8 表 4-7 中，属性 a、b 为条件属性，d 为决策属性。共有 100 个对象，决策表是不一致的。

表 4-7 不一致决策表

	a	b	d	#of objects
$E_{1,1}$	1	1	1	21
$E_{1,2}$	1	1	0	2
E_2	1	0	1	26
E_3	0	1	0	25
$E_{4,1}$	0	0	0	24
$E_{4,2}$	0	0	1	2

通过约简可得最小约简为 $\{a, b\}$。可见，从类 E_2 和 E_3 能得出确定性规则，有效性为 100%，即置信度为 1，它们是：

$$(a = 1) \wedge (b = 0) \to d = 1$$
$$(a = 0) \wedge (b = 1) \to d = 0$$

而由表可知类 E_1 和 E_4 是不确定的，得出不确定规则。

从 E_1：$(a=1) \wedge (b=1) \to d=1$，21/23，　　91.3%

　　　$(a=1) \wedge (b=1) \to d=0$，2/23，　　8.7%

从 E_4：$(a=0) \wedge (b=0) \to d=0$，24/26，　　92.3%

　　　$(a=0) \wedge (b=0) \to d=1$，2/26，　　7.7%

由上可看出，从 E_1 得出的不确定规则。第一条规则的有效性为 91.3%，第二条规则的有效性为 8.7%，可见，前者对于大多数情况均是适用的，后者对极少数情况是适用的。从 E_4 得出规则为类似情形。

4.6.3 规则产生算法

由上面的讨论可知，不确定规则通过有效性来表示其置信程度，而有的不确定规则的有效性很低，一般情况下不太适用，所以我们使用有效性阈值，它是具体说明哪些规则应被保留。如果设有效性阈值为 0.5，那么对于应用某规则的对象，该规则能正确分类的对象必须占 50% 以上，即规则的有效性 $\mu \geqslant 50\%$。对于表 4 -7 的例子可得出规则为：

$$(a=1) \wedge (b=0) \rightarrow d=1, \qquad 100\%$$
$$(a=0) \wedge (b=1) \rightarrow d=0, \qquad 100\%$$
$$(a=1) \wedge (b=1) \rightarrow d=1, \qquad 91.3\%$$
$$(a=0) \wedge (b=0) \rightarrow d=0, \qquad 92.3\%$$

下面给出规则产生的具体算法：

Input：一个训练集—论域 U；一个属性集合，$A=C\cup D$，及约简后的属性集 $B\subseteq C$；有效性阈值 μ_0。

Output：根据 B 描述 D 的一组确定性及不确定性规则集。

Step1：计算 $U/\text{IND}(B)=\{X_1, X_2, \cdots, X_n\}$，$U/\text{IND}(D)=\{Y_1, Y_2, \cdots, Y_m\}$；

Step2：若 $|X_i\cap Y_i|\neq\varnothing$，得出规则 $\text{des}(X_i)\rightarrow\text{des}(Y_i)$；

计算规则的有效性：$\mu=|X_i\cap Y_i|/|X_i|$；

Step3：若 $\mu\geqslant\mu_0$，则把该规则加入规则表中。

4.6.4 分类决策

在数据挖掘的过程中，重要的一步就是将挖掘到的规则应用于未知的样本。正如上节介绍的规则，是以 IF 基本条件和 THEN 基本决策的联合形式来表现的规则。

把一个决策表中提取出的规则应用于一个新的对象的时候，会出现下面四种情况：

（1）新对象的属性值与某一个确定的决策规则完全匹配；

（2）新对象的属性值与一个不确定的决策规则完全匹配；

（3）新对象的属性值与任何决策规则都不匹配；

（4）新对象的属性值与多条规则相匹配。

对情况（1）的对象分类决策是明确的。而对情况（2）因为匹配的规则是模糊的，所以分类决策就不是直接明了的。在这种情况下，就应该计算支持每种类别的分类样本的数量，这一数量称为强度。若在不确定的规则中某种类别的强度大于其他类别的强度，则该对象最可能属于的是具有最大强度的类别。对情况（3）因为没有匹配的决策规则，所以分类决策比较难处理。在这种情况下，可以参照与需要判断的新对象最接近的一组规则，而最接近概念可以用距离度量来分析。1994 年，Slowinski 和 Stefanowski 提出一种建立在数值逼近关系的距离度量方法，具有较好的特性。对情况（4）因为匹配的规则（确定的和不确定的）属于不同的分类，所以分类决策也比较难处理。在这种情况下，可以利用可能属于某分类强度来划分，或者通过分析支持某种分类的样本来决策，对后者可能推荐的类别是基于关系 R 可能最接近新对象的类别。

对于情况（2）和（4）的处理中，忽略了一种情况，即对于新对象的不同的分类强度相同而又没有其他可以进行分类的情况，2001 年，Tay 和 Shen 对这一问题做了研究。

4.6.5 分类方法

通过上面介绍可知，在分类系统中，对于一些新对象经常存在矛盾的决策规则，下面再介绍几种分类方法。

4.6.5.1 首先规则法

首先规则法是根据每个对象所匹配的第一个规则做出分类，不考虑规则的有效性，这不是规则分类的最好方法，但有执行时间少的优点。

4.6.5.2 最好规则法

最好规则法是搜索与新对象匹配的所有规则，用具有最高有效性的规则作为它的决策。

4.6.5.3 选举法

选举法是搜索规则表中的所有规则，对于适合分类新对象的规则，给它的决策一个选票，并且有效性作为权重即选票的值为它的有效性，则有最多选票的决策被选择。

算法如下：

```
输入：一个新对象，规则表
输出：具有最多选票的分类
Begin
For 规则表中的每一个规则 Do//遍历所有规则
If（规则的所有条件与新对象相匹配）Then
{
measure = validity（规则），规则决策为 di；
givevote（class（规则），measure）；
//对规则的决策使用有效性
//给定决策选票即 vote（di） = vote（di） + measure
```

```
}
return classwithhighestvote ( );
//发现具有最高选票的分类
End
```

4.6.5.4 测量证据的权重

与选举法相类似，只是选举法用有效性作为决策的选票，这里用 J－测量所给的函数 F 作为选票。$F = p(a_{jk})p(c_p \mid a_{jk})\lg \frac{p_r(c_p \mid a_{jk})}{p_r(c_p)} + [1 - p(c_p \mid a_{jk})] \lg \frac{1 - p_r(c_p \mid a_{jk})}{1 - p_r(c_p)}$。其中，$p_r(c_p \mid a_{jk})$ 等同于当前规则的有效性，$p_r(c_p)$ 对于具有相同决策的规则均是相等的。

算法如下：

```
输入：一个新对象，规则表
输出：具有最好选票的分类
Begin
For 规则表中的每一个规则 Do//遍历所有规则
If（规则的所有条件与新对象相匹配）Then
{
measure = F（规则），规则决策为 di;
givevote（class（规则），measure）;
//对规则的决策使用有效性
//给定决策选票即 vote（di） = vote（di） + measure
}
return classwithhighestvote ( );
//发现具有最高选票的分类
End
```

参考文献

[1] 韩家炜，坎伯. 数据挖掘概念与技术［M］. 北京：机械工业出版社，2007.
[2] 夏春艳. 基于粗集属性约简的数据挖掘技术的研究与应用［D］. 长春：长春理工大学，2004.
[3] 梁循. 数据挖掘算法与应用［M］. 北京：北京大学出版社，2006.
[4] 毛国君，段立娟，王实，等. 数据挖掘原理与算法［M］. 北京：清华大学出版社，2006.
[5] 范明，范宏建. 数据挖掘导论［M］. 北京：人民邮电出版社，2007.

5　聚类分析

“物以类聚，人以群分”，聚类是人类一项最基本的认识活动。聚类是对一个数据对象的集合进行分析，划分的原则是在同一个簇中的对象之间具有较高的相似度，不同簇中的对象差别较大。与分类不同的是，它要划分的类是未知的，类的形成完全是数据驱动的，属于一种无指导的学习方法。

5.1　聚类分析概述

聚类是将物理或抽象对象的集合分组成为由类似的对象组成的多个类的过程[1]。由聚类所生成的簇是一组数据对象的集合，这些对象与同一个簇中的对象彼此类似，与其他簇中的对象相异。聚类分析的目标是使组内的对象相互之间相似，而不同组中的对象不同。组内的相似性越大，组间差别越大，聚类就越好。

聚类分析是一种重要的人类行为，它是数据分析、理解与数据可视化的有效工具。聚类分析已经广泛地用在许多应用领域中，包括模式识别、数据分析、图像处理以及市场研究。通过聚类，人们能够识别密集的和稀疏的区域，从而发现全局的分布模式，以及数据属性之间的有趣的相互关系。

数据聚类正在蓬勃发展，有贡献的研究领域包括数据挖掘、统计学、机器学习、空间数据库技术、生物学以及市场营销。由于数据库中收集了大量的数据，聚类分析已经成为数据挖掘研究领域中一个非常活跃的研究课题。

在数据挖掘领域，研究工作已经集中在为大型数据库的有效和实际的聚类分析寻找适当的方法。活跃的研究主题集中在聚类方法的可伸缩性、方法对聚类复杂形状和类型的数据的有效性、高维聚类分析技术以及针对大型数据库中混合数值和分类数据的聚类方法。

聚类是一个富有挑战性的研究领域，它的潜在应用提出了各自特殊的要求。数据挖掘对聚类的典型要求如下：

（1）可伸缩性。许多聚类算法在小于200个数据对象的小数据集合上工作得很好。但是，一个大规模数据库可能包含几百万个对象，在这样的大数据集合样本上进行聚类可能会导致结果的偏差。因此，需要具有高度可伸缩性的聚类算法。

（2）处理不同类型属性的能力。许多算法被设计用来聚类数值类型的数据。但是，具体聚类问题可能涉及到其他类型的数据，如二元类型、分类/标称类型、序数型数据，以及这些数据类型的混合。

(3) 发现任意形状的聚类。许多聚类算法基于欧几里得距离或者曼哈坦距离度量来决定聚类。基于这样的距离度量的算法趋向于发现具有相近尺度和密度的球状簇。但是，一个簇可能是任意形状的，提出能发现任意形状簇的算法是很重要的。

(4) 用于决定输入参数的领域知识最小化。许多聚类算法在聚类分析中要求用户输入一定的参数。通常参数很难确定，特别是对于包含高维对象的数据集来说，更是如此。要求用户输入参数不仅加重了用户的负担，也使得聚类的质量难以控制。

(5) 处理噪声数据的能力。绝大多数现实世界中的数据库都包含了孤立点、空缺数据、未知数据或者错误数据。一些聚类算法对于这样的数据敏感，可能导致低质量的聚类结果。

(6) 对于输入记录的顺序不敏感。一些聚类算法对于输入数据的顺序是敏感的。例如，同一个数据集合，当以不同的顺序提交给同一个算法时，可能生成差别很大的聚类结果。开发对数据输入顺序不敏感的算法具有重要的意义。

(7) 高维性。一个数据库或者数据仓库可能包含若干维。许多聚类算法擅长处理涉及两到三维的低维数据，在高维空间中聚类数据对象是非常有挑战性的，特别是考虑到这样的数据可能非常稀疏，而且高度偏斜。

(8) 基于约束的聚类。现实世界的应用可能需要在各种约束条件下进行聚类。要找到既满足特定的约束，又具有良好聚类特性的数据分组是一项具有挑战性的任务。

(9) 可解释性和可用性。用户希望聚类结果是可解释的、可理解的、可用的。也就是说，聚类可能需要和特定的语义解释和应用相联系。应用目标如何影响聚类方法的选择是一个重要的研究课题。

5.1.1 聚类分析在数据挖掘中的应用

聚类分析在数据挖掘中的应用主要有以下几个方面：

(1) 聚类分析可以作为其他算法的预处理步骤。利用聚类进行数据预处理，可以获得数据的基本情况，在此基础上再进行特征抽取或分类可以有效地提高精确度和挖掘效率。还可以将聚类结果用于进一步的关联分析，从而进一步获得有用的信息。

(2) 可以作为一个独立的工具获得数据的分布情况。聚类分析是获得数据分布情况的有效方法。例如，在商业上，聚类分析可以帮助市场分析人员从客户基本信息库中发现不同的客户群，并且用购买模式刻画不同的客户群的特征。通过观察聚类得到的每个簇的特点，可以集中对特定的某些簇做更深层次的分析。

（3）聚类分析可以完成独立点挖掘。很多数据挖掘算法试图使孤立点影响最小化，或者排除它们。然而孤立点本身可能是非常有用的。如在欺诈探测中，孤立点可能预示着欺诈行为的存在。

5.1.2 聚类分析方法的概念

聚类分析的输入用一组有序对（X，d）表示，这里 X 表示一组样本，d 是度量样本间相似度或相异度（距离）的标准。聚类系统的输出是一个分区，若 $C=\{C_1,C_2,\cdots,C_k\}$，其中 $C_i(i=1,2,\cdots,k)$ 是 X 的子集，如下所示：

$$C_1 \cup C_2 \cup \cdots \cup C_k = X$$

$$C_1 \cap C_2 = \varnothing, i \neq j$$

C 中的成员 $C_1,C_2,\cdots,C_k$ 叫做类，每一个类都是通过一些特征描述的，通常有如下几种表示方式：

（1）通过类的中心或类的边界点表示一个类。

（2）使用聚类树中的节点图形化表示一个类。

（3）使用样本属性的逻辑表达式表示类。

用中心表示一个类是最常见的方式，当类是紧密的或各向同性时用此方法最好。但是，当类是伸长的或各向分布异性时此方法就不能正确地表示它们了。

5.1.3 聚类分析方法的分类

聚类分析是一个活跃的研究领域，已经有大量的、经典的和流行的算法涌现。然而，算法的选择取决于数据类型、聚类的目的和应用。如果聚类分析被用作描述或探查工具，可以对同样的数据尝试多种算法，以发现数据可能揭示的结果。

大体上，主要的聚类方法可以划分为以下几类：

（1）划分方法。给定一个 n 个对象或元组的数据库，一个划分方法构建数据的 k 个划分，每个划分表示一个聚簇，并且 $k \leqslant n$。也就是说，它将数据划分为 k 个组，同时满足如下的要求：1）每个组至少包含一个对象；2）每个对象必须属于且只属于一个组。需要注意的是，在某些模糊划分技术中第二个要求可以放宽。

（2）层次方法。层次的方法对给定数据对象集合进行层次的分解。根据层次的分解如何形成，层次的方法可以分为凝聚的和分裂的。凝聚的方法，也称为自底向上的方法，一开始将每个对象作为单独的一个组，然后相继地合并相近的对象或组，直到所有的组合并为一个（层次的最上层），或者达到一个终止条件。分裂的方法，也称为自顶向下的方法，一开始将所有的对象置于一个簇中，在迭代的每一步中，一个簇被分裂为更小的簇，直到最终每个对象在单独的一个簇中，或者达到一个终止条件。

（3）基于密度的方法。基于密度的方法的思想是只要临近区域的密度（对象或数据点的数目）超过某个阈值，就继续聚类。也就是说，对给定类中的每个数据点，在一个给定范围的区域中必须至少包含某个数目的点。这样的方法可以用来过滤“噪声”孤立点数据，发现任意形状的簇。

（4）基于网格的方法。基于网格的方法把对象空间量化为有限数目的单元，形成一个网格结构。所有的聚类操作都在这个网格结构（即量化的空间）上进行。这种方法的主要优点是它的处理速度很快，其处理时间独立于数据对象的数目，只与量化空间中每一维的单元数目有关。

（5）基于模型的方法。基于模型的方法为每个簇假定了一个模型，寻找数据对给定模型的最佳拟合。一个基于模型的算法可能通过构建反映数据点空间分布的密度函数来定位聚类。它也基于标准的统计数字自动决定聚类的数目，考虑“噪声”数据或孤立点，从而产生健壮的聚类方法。

5.1.4 距离与相似性度量

聚类分析过程的质量取决于度量标准的选择。为了度量对象之间的接近或相似程度，需要定义一些相似度度量标准。但是在通常情况下，聚类算法不是计算两个样本间的相似度，而是用特征空间中的距离作为度量标准来计算两个样本间的相异度。因此，相异度也称为距离。

5.1.4.1 距离函数

依据距离公理，在定义距离函数时需要满足距离公理的四个条件：自相似性、最小性、对称性和三角不等性。常用的距离函数有如下几种：

A 闵可夫斯基距离（Minkowski）

假设 x 和 y 是相应的特征，n 是特征的维数。x 和 y 的闵可夫斯基距离测度的形式如下：

$$d(x,y) = \left(\sum_{i=1}^{n} |x_i - y_i|^r \right)^{1/r} \tag{5-1}$$

当 r 取不同的值时，上述距离度量公式演变为一些特殊的距离测度。

当 $r=1$ 时，闵可夫斯基距离演变为绝对值距离：

$$d(x,y) = \sum_{i=1}^{n} |x_i - y_i| \tag{5-2}$$

当 $r=2$ 时，闵可夫斯基距离演变为欧氏距离：

$$d(x,y) = \left(\sum_{i=1}^{n} |x_i - y_i|^2 \right)^{1/2} \tag{5-3}$$

B 二次型距离（quadratic）

二次型距离测度的形式如下：

$$d(x,y) = [(x-y)^{\mathrm{T}}A(x-y)]^{1/2} \tag{5-4}$$

式中，A 为非负定矩阵。

当 A 取不同的值时，上述距离度量公式演变为一些特殊的距离测度。

当 A 为单位矩阵时，二次型距离演变为欧氏距离。

当 A 为对角阵时，二次型距离演变为加权欧氏距离：

$$d(x,y) = \left(\sum_{i=1}^{n} a_{ii} | x_i - y_i |^2\right)^{1/2} \tag{5-5}$$

当 A 为协方差矩阵时，二次型距离演变为马氏距离。

C　余弦距离

余弦距离测度的形式如下：

$$d(x,y) = \frac{\sum_{i=1}^{n} x_i y_i}{\sqrt{\sum_{i=1}^{n} x_i^2 \sum_{i=1}^{n} y_i^2}} \tag{5-6}$$

D　二元特征样本的距离度量

以上阐述的几种距离度量对于包含连续特征的样本很有效，但是对于包含一些或全部不连续特征的样本，计算样本间的距离则比较困难。因为不同类型的特征是不可比的，所有用同一个标准作为度量标准是不合适的。下面介绍几种二元类型数据的距离度量标准。

假定 x 和 y 距离定义的常规方法是先求出如下几个参数，然后采用 SMC、Jaccard 系数或 Rao 系数。

a 为样本 x 和 y 中满足 $x_i = y_i = 1$ 的二元类型属性的数量。

b 为样本 x 和 y 中满足 $x_i = 1$、$y_i = 1$ 的二元类型属性的数量。

c 为样本 x 和 y 中满足 $x_i = 0$、$y_i = 1$ 的二元类型属性的数量。

d 为样本 x 和 y 中满足 $x_i = y_i = 0$ 的二元类型属性的数量。

简单匹配系数（SMC，simple match coefficient）：

$$S_{smc}(x,y) = \frac{a+b}{a+b+c+d} \tag{5-7}$$

Jaccard 系数：

$$S_{jc}(x,y) = \frac{a}{a+b+c} \tag{5-8}$$

Rao 系数：

$$S_{rc}(x,y) = \frac{a}{a+b+c+d} \tag{5-9}$$

以上给出的距离函数都是关于两个样本的距离，为考察聚类的质量，有时需要计算类间的距离。下面介绍几种常用的类间距离计算方法。

5.1.4.2 类间距离

设有两个类 C_a 和 C_b，它们分别有 s 和 t 个元素，它们的中心分别为 r_a 和 r_b。设元素 $x \in C_a$，$y \in C_b$，这两个元素间的距离记为 $d(x,y)$，假如类间距离记为 $D(C_a,C_b)$。

A 最短距离法

定义两个类中最靠近的两个元素之间的距离为类间距离：

$$D_S(C_a,C_b) = \min\{d(x,y) \mid x \in C_a, y \in C_b\} \tag{5-10}$$

B 最长距离法

定义两个类中最远的两个元素之间的距离为类间距离：

$$D_L(C_a,C_b) = \max\{d(x,y) \mid x \in C_a, y \in C_b\} \tag{5-11}$$

C 中心法

定义两个类的两个中心间的距离为类间距离。中心法涉及到类中心的概念，首先定义类中心，然后给出类间距离。

假如 C_i 是一个聚类，x 是 C_i 内的一个数据点，即 $x \in C_i$，那么类中心 $\overline{x_i}$ 定义如下：

$$\overline{x_i} = \frac{1}{n_i}\sum_{x \in C_i} x \tag{5-12}$$

式中，n_k 为第 k 个聚类中的点数。则 C_a 和 C_b 的类间距离为：

$$D_C(C_a,C_b) = d(r_a,r_b) \tag{5-13}$$

D 类平均法

类平均法将两个类中任意两个元素之间的距离定义为类间距离：

$$D_G(C_a,C_b) = \frac{1}{st}\sum_{x \in C_a}\sum_{y \in C_b} d(x,y) \tag{5-14}$$

E 离差平方和

离差平方和用到了类直径的概念，首先定义类直径，然后给出类间距离。

类的直径反映了类中各元素间的差异，可定义为类中各元素至类中心的欧氏距离之和，其量纲为距离的平方：

$$r_a = \sum_{i=1}^{m}(x_i - \overline{x_a})^{\mathrm{T}}(x_i - \overline{x_b}) \tag{5-15}$$

根据上式得到两个类 C_a 和 C_b 的直径分别为 r_a 和 r_b，类 $C_{a+b} = C_a \cup C_b$ 直径为 r_{a+b}，则可以定义类间距离的平方为：

$$D_W^2(C_a,C_b) = r_{a+b} - r_a - r_b \tag{5-16}$$

5.2 聚类方法

聚类方法有很多，这里主要介绍几种常用的聚类方法，包括划分聚类方法、层次聚类方法和密度聚类方法。

5.2.1 划分聚类方法

划分聚类方法是最基本的聚类方法，基于原型的聚类技术创建数据对象的单层划分。存在许多这样的技术，如 k - 均值、k - 模、k - 原型、k - 中心点、PAM、CLARA 以及 CLARANS 等，但是 k - 均值是其中最经典、最广泛使用的聚类算法[2]。

k - 均值算法比较简单，先介绍其基本算法。首先，选择 K 个对象作为初始质心（K 是用户指定的参数），即所期望的簇的个数。剩余的对象即每个点指派到最近的质心，而指派到一个质心的点集为一个簇。然后，根据指派到簇的点，更新每个簇的质心。不断重复指派并且更新步骤，直到簇不发生变化，或者等价地直到质心不发生变化。

基本 k - 均值算法描述：

（1）选择 K 个点作为初始质心。

（2）repeat。

（3）将每个点指派到最近的质心，形成 K 个簇。

（4）重新计算每个簇的质心。

（5）until 质心不发生变化。

考虑 k - 均值算法的步骤，分析算法的时间和空间复杂度：

（1）指派点到最近的质心。采用邻近性度量来量化所考虑的数据的“最近”概念，为的是将点指派到最近的质心。一般情况，对欧氏空间中的点使用欧几里得距离，对文档用余弦相似性。但是，对于给定的数据类型可能存在多种使用的邻近性度量。比如，曼哈顿距离可以用于欧几里得数据，而 Jaccard 度量常常用于文档。

（2）质心和目标函数。k - 均值算法第（4）步非常一般地表述为“重新计算每个簇中的质心”，因为质心可能会随着数据邻近性度量和聚类目标的不同而改变。通常用一个目标函数表示聚类的目标，该函数依赖于点到簇的质心的邻近性。例如，最小化每个点到最近质心的距离的平方。关键问题是，邻近性度量和目标函数一旦被选定，则应该选择的质心可以从数学上确定。

（3）选择初始质心。随机地选择第一个点，或取所有点的质心作为第一个点。然后，对于每个后继初始质心，选择距离已经选取过的初始质心最远的点。此种方法，可以使我们得到一个初始质心的集合，并且确保不仅是随机的，而且是离散的。但是，此种方法可能选中离群点，而不是稠密区域的点。此外，增大了计算离当前初始质心集最远的点开销很大。为了避免这些问题，通常将该方法用于点样本。

k－均值仅需要存放数据点和质心，因此空间需求是适度的。具体的说，所需要的存储量是 $O((m+K)n)$ ，其中，m 为点数，n 为属性数。k－均值的时间需求也是适度的，基本上与数据点个数线性相关。具体的说，所需要的时间为 $O(I \times K \times m \times n)$ ，其中，I 为收敛所需要的迭代次数。一般情况下，I 通常很小，可以是有界的，因为大部分变化通常出现在前几次迭代。因此，只要簇个数 K 显著小于 m，则 k－均值的计算时间与 m 线性相关，并且是简单的和有效的。

例 5－1 样本事务数据库见表 5－1，对其实施 k－均值算法。

表 5－1 样本事务数据库

序 号	属性 1	属性 2
1	1	1
2	2	1
3	1	2
4	2	2
5	4	3
6	5	3
7	4	4
8	5	4

对所给数据进行 k－均值算法（设 $n=8$，$k=2$），以下为算法的执行步骤：

第一次迭代：随机选择两个序号，假设序号 1 和序号 3 为初始点，分别找到离这两个点最近的对象，并产生两个簇｛1，2｝和｛3，4，5，6，7，8｝。对于产生的簇分别计算均值，得到均值点为（1.5，1）和（3.5，3）。

第二次迭代：通过均值调整对象所在的簇，重新聚类，即将所有点按离均值点（1.5，1）和（3.5，3）最近的原则重新分配。得到两个新的簇｛1，2，3，4｝和｛5，6，7，8｝。重新计算簇均值点，得到新的均值点为（1.5，1.5）和（4.5，3.5）。

第三次迭代：将所有点按离均值点（1.5，1.5）和（4.5，3.5）最近的原则重新分配，调整对象，簇依然为｛1，2，3，4｝和｛5，6，7，8｝，发现没有出现重新分配，而且准则函数收敛，程序结束。

聚类中均值计算和簇生成的过程和结果见表 5－2。

表 5－2 执行过程

迭代次数	均值（簇 1）	均值（簇 2）	产生的新簇	新均值（簇 1）	新均值（簇 2）
1	（1，1）	（1，2）	｛1，2｝，｛3，4，5，6，7，8｝	（1.5，1）	（3.5，3）
2	（1.5，1）	（3.5，3）	｛1，2，3，4｝，｛5，6，7，8｝	（1.5，1.5）	（4.5，3.5）
3	（1.5，1.5）	（4.5，3.5）	｛1，2，3，4｝，｛5，6，7，8｝	（1.5，1.5）	（4.5，3.5）

5.2.2 层次聚类方法

层次聚类技术是第二类重要的聚类方法，与 k - 均值算法一样，方法相对较老，但仍然被广泛使用。层次聚类方法是对给定的数据集进行层次分解，直到某种条件满足为止。具体可分为凝聚的、分裂的两种基本的层次聚类方法。

凝聚的层次聚类（AGNES，Agglomerative NESting）过程是一个自底向上的过程。首先将每一个对象作为一个初始簇，然后将两个最接近的原始簇合并成一个簇，直到所有的对象都在一个簇中，或者某个终结条件被满足为止。

分裂的层次聚类过程与凝聚的层次聚类过程恰好相反，是一个自顶向下的过程，首先从包含所有对象的一个簇开始，然后每一步分裂一个簇，逐渐细分为越来越小的簇，直到每个对象自成一簇，即仅剩下单点簇，或者达到某个终结条件为止。

一般来讲，凝聚的聚类算法比分裂的聚类算法在实际的应用程序中应用的更频繁。因此，我们更加关注凝聚的层次聚类方法。

凝聚的层次聚类技术中最基本的两种方法是单链接和全链接。这两种基本方法的不同仅在于它们描述一队簇的相似度的方法。在单链接算法中，两个簇之间的距离是从两个簇中抽取的每组对象的距离中的最小值；在全链接算法中，两个簇之间的距离是每组对象的距离中的最大值。但是，很多凝聚的层次聚类技术都是一种方法的变种：首先将每个对象作为一个簇开始，然后根据某些准则相继合并两个最接近的簇，直到所有的对象最终合并形成一个簇。

基本凝聚的层次聚类算法描述：

（1）将每个对象当成一个初始簇。

（2）repeat。

（3）根据两个簇中最近的数据点合并最接近的两个簇。

（4）更新邻近性矩阵，以反映新的簇与原来的簇之间的邻近性。

（5）until 仅剩下一个簇。

凝聚的层次聚类算法的关键技术是计算两个簇之间的邻近度，正是簇的邻近性定义将各种凝聚层次技术区分开。

凝聚的层次聚类算法采用邻近度矩阵，需要存储 $m^2/2$ 个邻近度，其中 m 为数据点的个数。记录簇所需要的空间正比于簇的个数，为 $m-1$，不包含单点簇。因此，空间复杂度为 $O(m^2)$ 。计算邻近度矩阵需要的时间为 $O(m^2)$ ，而查找一个簇到其他所有簇的距离的开销最低为 $O(m)$ ，又由于维护的附加开销，凝聚的层次聚类算法的时间复杂度为 $O(m^2\log m)$ 。

例 5-2 样本事务数据库见表 5-3，对其实施 AGNES 算法。

表 5－3 样本事务数据库

序 号	属性1	属性2
1	1	1
2	1	2
3	2	1
4	2	2
5	3	4
6	3	5
7	4	4
8	4	5

在所给的数据集上运行 AGNES 算法，表 5－4 为算法的步骤（设 $n=8$，用户输入的终止条件为两个簇）。初始簇 {1}，{2}，{3}，{4}，{5}，{6}，{7}，{8}。

表 5－4 执行过程

步骤	具有最大直径的簇	splinter group	old party
1	{1，2，3，4，5，6，7，8}	{1}	{2，3，4，5，6，7，8}
2	{1，2，3，4，5，6，7，8}	{1，2}	{3，4，5，6，7，8}
3	{1，2，3，4，5，6，7，8}	{1，2，3}	{4，5，6，7，8}
4	{1，2，3，4，5，6，7，8}	{1，2，3，4}	{5，6，7，8}
5	{1，2，3，4，5，6，7，8}	{1，2，3，4}	{5，6，7，8} 终止

第一步：找到具有最大直径的簇，对簇中的每个点计算平均相异度（假定采用欧氏距离）：

（1）1 的平均距离为（1+1+1.414+3.6+4.24+4.47+5）/7=2.96；

（2）2 的平均距离为（1+1.414+2.828+3.6+3.6+4.24）/7=2.526；

（3）3 的平均距离为（1+1.414+1+3.16+4.12+3.6+4.47）/7=2.68；

（4）4 的平均距离为（1.414+1+1+2.24+3.16+2.828+3.6）/7=2.18；

（5）5 的平均距离为 2.18；

（6）6 的平均距离为 2.68；

（7）7 的平均距离为 2.526；

（8）8 的平均距离为 2.96。

这时，挑出平均相异度最大的点 1 放到 splinter group 中，剩余点在 old party 中。

第二步：在 old party 中找出这样的点，其到 splinter group 中最近点的距离不大于到 old party 中最近点的距离，将该点放入 splinter group 中，该点是2。

第三步：重复第二步的工作，在 splinter group 中放入点3。

第四步：重复第二步的工作，在 splinter group 中放入点4。

第五步：没有新的 old party 中的点被分配给 splinter group，此时分裂的簇数为2，达到终止条件。如果没有到终止条件，则下一阶段还会从分裂好的簇中选一个直径最大的簇按上述分裂方法继续分裂。

5.2.3 密度聚类方法

密度聚类方法是寻找被低密度区域分离的高密度区域。其基本思想是一个区域中的点的密度大于某个阈值，则把它加到与其相近的聚类中去。这类算法能够克服只能发现“类圆形”的基于距离的聚类算法的缺点，它可以发现任何形状的聚类，并且对噪声数据不敏感。DBSCAN 是一种简单、有效的、有代表性的基于密度的聚类算法。与划分和层次聚类方法不同，它将簇定义为密度相连的点的最大集合，能够将具有高密度的区域划分为簇，并可在有“噪声”的空间数据中发现任意形状的聚类，它解释了基于密度的聚类方法的很多重要概念。因此，本节仅关注 DBSCAN。

下面首先介绍关于密度聚类的一些概念。

核心点：核心点落在基于密度的簇内部。距离函数和用户指定的距离参数 Eps 决定点的邻域。如果一个点的给定邻域内的点的个数超过给定的阈值 MinPts 则该点是核心点，其中 MinPts 也是用户指定的一个参数。

边界点：边界点不是核心点，但它落在某个或多个核心点的邻域内。

噪声点：非核心点也非边界点的任何点就是噪声点。

DBSCAN 算法的指导思想是，将任意两个相互之间的距离在 Eps 之内的足够靠近的核心点放在同一个簇中。类似地，任何与核心点足够靠近的边界点也放在与核心点相同的簇中。将噪声点丢弃。

基本 DBSCAN 算法描述[3]：

（1）将所有点标记为核心点、边界点或噪声点。

（2）删除噪声点。

（3）为距离在 Eps 之内的所有核心点之间赋予一条边。

（4）每组连通的核心点形成一个簇。

（5）将每个边界点指派到一个与之关联的核心点的簇中。

DBSCAN 算法要解决的关键问题是如何确定参数 Eps 和 MinPts。基本方法是观察点到它的 k 个最近邻的距离（称为 k－距离）的特性。对于属于某个簇的点，如果 k 不大于簇的大小的话，则 k－距离会很小。然而，对于不在簇中的点（如噪声点），k－距离会相对较大。所以，如果对于某个 k，计算所有点的 k－距离，以递增次序将它们排序，然后描绘排序后的值，则预期会看到 k - 距离的急剧变化，对应于合适的 Eps 值。如果我们选取该距离为 Eps 参数，而取 k 的值为 MinPts 参数，则 k - 距离小于 Eps 的点将被标记为核心点，而其他点将被标记为噪声点或边界点。

DBSCAN 算法的基本时间复杂度是 O（$m\times$ 找出 Eps 邻域中的点所需要的时间），其中 m 为点的个数。在最坏情况下，时间复杂度是 $O(m^2)$。然而，对于可以有效地检索特定点给定距离内的所有点的低维空间的数据结构，时间复杂度可以降低到 $O(m\log m)$。DBSCAN 算法的空间复杂度是 $O(m)$，对于每个点都只需要维持少量数据，即簇标号和每个点是核心点、边界点还是噪声点的标志。

例 5-3 样本事务数据库见表 5-5，对其实施 DBSCAN 算法。

表 5-5 样本事务数据库

序　号	属性 1	属性 2
1	1	0
2	4	0
3	0	1
4	1	1
5	2	1
6	3	1
7	4	1
8	5	1
9	0	2
10	1	2
11	4	2
12	1	3

对所给的数据进行 DBSCAN 算法，表 5-6 给出了算法的执行过程（设 $n=12$，用户输入 $\varepsilon=1$，MinPts $=4$）。

表 5-6 执行过程

步骤	选择的点	在 ε 中点的个数	通过计算可达点找到的新簇
1	1	2	无
2	2	2	无
3	3	3	无

续表5－6

步骤	选择的点	在 ε 中点的个数	通过计算可达点找到的新簇
4	4	5	簇 C_1：{1，3，4，5，9，10，12}
5	5	3	已在一个簇 C_1 中
6	6	3	无
7	7	5	簇 C_2：{2，6，7，8，11}
8	8	2	已在一个簇 C_2 中
9	9	3	已在一个簇 C_1 中
10	10	4	已在一个簇 C_1 中
11	11	2	已在一个簇 C_2 中
12	12	2	已在一个簇 C_1 中

聚出的类为{1，3，4，5，9，10，12}，{2，6，7，8，11}。

第一步：在数据库中选择点1，由于在以它为圆心，以1为半径的圆内包含2个点（小于4），所以它不是核心点，选择下一个点。

第二步：在数据库中选择点2，由于在以它为圆心，以1为半径的圆内包含2个点（小于4），所以它不是核心点，选择下一个点。

第三步：在数据库中选择点3，由于在以它为圆心，以1为半径的圆内包含3个点（小于4），所以它不是核心点，选择下一个点。

第四步：在数据库中选择点4，由于在以它为圆心，以1为半径的圆内包含5个点，所以它是核心点，寻找从它出发可达的点（直接可达4个，间接可达3个），聚出的新类{1，3，4，5，9，10，12}，选择下一个点。

第五步：在数据库中选择点5，已经在簇1中，选择下一个点。

第六步：在数据库中选择点6，由于在以它为圆心，以1为半径的圆内包含3个点（小于4），所以它不是核心点，选择下一个点。

第七步：在数据库中选择点7，由于在以它为圆心，以1为半径的圆内包含5个点，所以它是核心点，寻找从它出发可达的点，聚出的新类{2，6，7，8，11}，选择下一个点。

第八步：在数据库中选择点8，已经在簇2中，选择下一个点。

第九步：在数据库中选择点9，已经在簇1中，选择下一个点。

第十步：在数据库中选择点10，已经在簇1中，选择下一个点。

第十一步：在数据库中选择点11，已经在簇2中，选择下一个点。

第十二步：在数据库中选择点12，已经在簇1中，由于这已经是最后一个点（所有点都已经处理了），程序终止。

参考文献

[1] 韩家炜，坎伯．数据挖掘概念与技术［M］．北京：机械工业出版社，2007.
[2] 毛国君，段立娟，等．数据挖掘原理与算法［M］．北京：清华大学出版社，2006.
[3] 范明，范宏建．数据挖掘导论［M］．北京：人民邮电出版社，2007.

6 粗糙集理论

数据挖掘的方法有很多，粗糙集方法是主要方法之一。粗糙集理论是 20 世纪 80 年代初由波兰数学家 Z. Pawlak 教授提出的，用于研究不完整数据和不精确知识的表达、学习归纳的数学分析理论[1]。由于粗糙集理论不需要任何先验知识即可对已有知识进行处理，并提炼出隐含知识的特点，所以广泛应用于模式识别、机器学习、数据挖掘、智能控制、医疗诊断、专家系统以及决策分析等领域，并取得了一定的成果。

总的来说，随着 KDD 的兴起，粗糙集理论越来越受到 KDD 研究者的重视有以下几点原因：（1）KDD 研究的对象多为关系型数据库，关系表可被看作为粗糙集理论中的决策表，这给粗糙集方法的应用带来了极大的方便。（2）现实世界中的规则有确定性的，也有不确定性的。从数据库中发现不确定性知识，为粗糙集方法提供了用武之地。（3）从数据中发现异常，排除知识发现过程中的噪声干扰也是粗糙集方法的特长。（4）运用粗糙集方法得到的知识发现算法有利于并行执行，可以极大地提高发现效率，对于大型数据库中的知识发现来说，这是非常关键的。（5）KDD 采用的其他技术，如神经网络的方法，不能自动地选择合适的属性集，而利用粗糙集方法进行预处理，去掉多余属性，可以提高发现效率。（6）用粗糙集方法得到的决策规则及推理过程，比模糊集方法或神经网络方法更容易验证和检测。所以，粗糙集方法在数据挖掘中的应用越来越广。

6.1 国内外研究现状

粗糙集理论是波兰科学家 Z. Pawlak 教授于 1982 年提出。20 世纪 80 年代，许多波兰学者对粗糙集理论及其应用进行了坚持不懈的研究，其中主要对粗糙集理论的数学性质及逻辑系统进行了广泛的研究。1991 年，Z. Pawlak 的专著《粗糙集——关于数据推理的理论》问世标志着粗糙集理论及其应用的研究进入了活跃时期[2]。1992 年在波兰 Kiekrz 召开了第一届国际粗糙集研讨会，着重讨论了集合近似定义的基本思想及应用，其中粗糙集环境下的机器学习的基础研究是这次会议的四个专题之一。1993 年在加拿大 Banff 召开了第二届国际粗糙集与知识发现研讨会，积极推动了国际上对粗糙集理论与应用的研究，会议主题是粗糙集、模糊集与知识发现。1994 年在美国 San Jose 召开了第三届国际粗糙集与软计算研讨会，讨论了粗糙集与模糊逻辑、神经网络、进化理论等的融合问题。1995

年在美国 Wilmington 召开了粗糙集研讨会。粗糙集理论及应用的几位主要倡导者在 1995 年第 11 期 ACM 通讯上撰文，概况性地介绍了作为目前人工智能应用新技术之一的粗糙集理论的基本概念，及其在知识获取、机器学习、决策分析和知识发现等领域的具体研究项目和进展。在 1995 年召开的第四届模糊理论与技术国际会议上，针对粗糙集理论与模糊集的基本观点与相互关系展开了激烈的讨论，推动了粗糙集理论的研究。1996 年底在日本东京召开了第五届国际粗糙集研讨会，这是第一次在亚洲地区召开的范围广泛的粗糙集研究会。1998 年、2000 年和 2002 年，分别召开了三届 RSCTC（Rough Sets and Current Trends in Computing）国际会议，表明粗糙集的研究已步入发展期。

与国外相比，国内研究稍晚。1993 年国家自然科学基金首次对 KDD 领域的研究项目给予资助。国内粗糙集的研究始于 1994 年[3~6]，苗夺谦、王珏、王国胤、曾黄麟等人在将粗糙集理论引入我国方面作出了重要的贡献。刘清等探讨了粗糙集在近似推理、模态逻辑和智能代理方面的理论研究情况。张文修、梁吉业、吴伟志等人提出了基于随机集的粗糙集模型，并研究了粗糙集理论同包含度理论之间的关系。马志锋、刑汉承等在粗糙控制方面做了深入的研究。从 2001 年开始，每年都召开了一次中国粗糙集和软计算学术研讨会。2001 年 5 月，在重庆邮电学院举办了首届中国粗糙集和软计算学术研讨会。2002 年 10 月，在苏州大学举办了第二届中国粗糙集和软计算学术研讨会。2003 年 5 月，在重庆邮电学院同时举办第三届中国粗糙集和软计算学术研讨会，以及第九届粗糙集、模糊集、数据挖掘与粒度计算国际学术会议，这些会议的举办表明我国粗糙集理论和数据挖掘研究的队伍正在不断壮大，已经得到国际同行的重视和认可。2004 年 10 月，在浙江海洋学院召开第四届中国粗糙集和软计算学术研讨会，本次研讨会是粗糙集与软计算领域的一次盛会。研讨会收到论文 213 篇，经专委会组织专家严格审稿，录用了 110 篇论文，覆盖了粗糙集理论及其应用、数据挖掘与机器学习、神经网络、进化计算与支撑向量机、智能系统与多 Agent 技术和模式识别与图像处理等领域，由核心期刊《计算机科学》出版论文专集。

国内从事数据挖掘研究的人员主要在高校，也有部分在研究所或公司。目前，大多数研究项目是由政府资助进行的，如国家自然科学基金、“863”计划、“九五”计划等。近年来，粗糙集理论和应用的研究取得了很快的发展，为处理不完整、不精确的数据提供了一种很好的方法。粗糙集理论同模糊集、神经网络、证据理论等其他理论一起，成为不确定性计算的一个重要分支。

6.2 粗糙集思想

粗糙集理论是建立在分类机制的基础之上，将分类理解为在特定空间上的等价关系，而等价关系构成了对该空间的划分。粗糙集理论将知识理解为对数据的划分，每一划分的集合称为概念。

粗糙集理论的主要思想是利用已知的知识库，将不精确或不确定的知识用已知知识库中的知识来（近似）刻画[7]。但是，由于这个理论没有包含处理不精确或不确定原始数据的机制，因此对对象的分类是建立在已有知识的基础之上；或者说在构建分类之前，如果已有知识是不完善的、不精确的，都将直接影响着我们获取有价值的规则，这就要求必须对其进行处理。目前主要的处理方法有神经网络、模糊集、可信度理论、证据理论等，后三种方法的处理又不可避免地受到先验知识的影响。而神经网络的方法常常对知识的划分又过于精确，例如用神经网络的方法离散化实型数据，断点常常出现在所求曲线的拐点处，而在实际情况下断点又无须这样精确。

粗糙集理论提供了一套严格处理 KDD 中最基本的分类问题的数学方法，通过对数据的分析，生成确定与可能的形式规则。另外，粗糙集理论包括了知识的一种形式模型，这种模型可将知识定义为不可区分关系的一个族，使知识具有了一种清晰的数学意义，并且可使用数学方法来分析处理。

粗糙集理论在数据分析中善于解决的基本问题包括发现属性间的依赖关系、约简冗余属性与对象、寻求最小属性子集以及生成决策规则等。粗糙集与其他不确定性问题理论的最显著区别是它无需提供任何先验知识，如概率论中的概率分布、模糊集中的隶属函数等，而是从给定问题的描述集合直接出发，找出问题的内在规律。

6.3 信息系统

基于粗糙集理论进行数据分析的全部对象的数据集合称为信息系统（IS），也称为知识表达系统。一个信息系统可以用一个四元组来定义：$IS = (U,A,V,f)$，其中 $U = \{x_1,x_2,\cdots,x_m\}$ 是对象的非空有限集合，称为论域；$A = \{a_1,a_2,\cdots,a_m\}$ 是属性的非空有限集合；V 是属性 A 所构成的域，即 $V = \bigcup_{a\subset A} V_a$，$V$ 是属性值域，V_a 是属性 a 的值域；$f:U\times A\to V$ 是一个信息函数，U 中任一元素取属性 a 在 V 中有唯一确定值，即 $\forall a\in A,x\in U,f(x,a)\in V_a$。

信息系统的数据可以用关系表的形式表达，表的行代表对象 $x\in U$，列代表属性 $a\in A$，表中的数值代表对象 x 对应属性 a 的属性值，记为 $a(x)$。因此，一个信息系统可以简化定义为 $IS = (U,A)$。容易看出，一个属性对应一个等价关系，一个表可以看作是定义的一个等价关系簇，即知识库。知识约简可以转化为属性约简。

决策表是一类特殊而重要的信息系统，多数决策问题都可以用决策表形式来表达。决策表可以根据信息系统定义如下：设 $IS = (U,A,V,f)$ 是一个信息系统，$A = C\cup D$，且 $C\cap D\neq\varnothing$，C 称为条件属性集，D 称为决策属性集，V 是属性的值域，f 是对象属性到值域的映射。具有条件属性和决策属性的信息系统称为决策表。

决策表表头是各属性，它的每一行表示论域中的一个成员或称一条决策规则，每一列表示属性及属性值。对于一个信息系统 IS，若决策属性集 D 不存在，就是一般意义上的信息表达系统；若决策属性集 D 存在，一般称为决策表系统。实际上，决策表系统就是一般信息系统的一个特例。例如表 6－1 就是一个信息系统，而表 6－2 是一个决策表系统[8]。其中 $U=\{1, 2, 3, 4, 5\}$，$A=\{a=$ studies，$b=$ education，$c=$ works，$d=$ income$\}$，$V=\{\{$no，yes$\}$，$\{$good，poor$\}$，$\{$no，yes$\}$，$\{$high，low，none，medium$\}\}$，$C=\{a, b, c\}$，$D=\{d\}$。在这种信息系统中，我们关心的是一个人的收入与其生活状况的关系。粗糙集理论恰恰是直接从给定问题的描述集合出发，通过不可分辨关系和等价类确定给定问题的近似解。

表 6－1　信息系统

U	a	b	C
1	no	good	yes
2	no	good	yes
3	yes	good	yes
4	no	poor	no
5	no	poor	no

表 6－2　收入决策表

U	a	b	c	D
1	no	good	yes	high
2	no	good	yes	high
3	yes	good	yes	none
4	no	poor	no	low
5	no	poor	no	medium

6.4　知识与不可分辨关系

基本粗糙集理论认为知识是人类和其他物种所固有的分类能力。分类是人类的最基本的智能行为，是推理、学习与决策中的关键问题。因此，粗糙集理论重点讨论对对象进行分类的能力。这里的“对象”指我们所能言及的任何具体或抽象的事物，称为“论域（universe）”。一般认为，知识是人类实践经验的总结和提炼，具有抽象和普遍的特性，是属于认识论范畴的概念。事实上，知识便是对某一感兴趣领域中各种分类模式的一个簇集，这个簇集提供了关于现实的事实以及从这些事实中推导出隐含事实的推理能力。

设 $U \neq \varnothing$ 是我们感兴趣的对象组成的有限集合，称为论域。任何子集 $X \subseteq U$ 称为 U 中的一个概念或范畴。为规范化起见，我们认为空集也是一个概念。U 中的任何概念族称为关于 U 的抽象知识，简称知识。U 上的一族划分称为关于 U 的一个知识库，它构成了一个特定论域 U 的分类。

设 R 是 U 上的一个等价关系，U/R 表示 R 的所有等价类构成的集合，$[x]_R$ 表示包含元素 $x \in U$ 的 R 等价类。

设 R 是 U 上的一族等价关系，若 $P \subseteq R$，且 $P \neq \varnothing$，则 $\cap P$（P 中所有等价关系的交集）也是一个等价关系，称为 P 上的不可分辨（indiscernibility）关系用 $IND(P)$ 来表示，即

$$[x]_{IND(P)} = \bigcap_{R \in P} [x]_R \tag{6-1}$$

不可分辨关系是物种由属性集 P 表达时，论域 U 中的等价关系。$U/IND(P)$ 表示由等价关系 $IND(P)$ 划分的所有等价类，且将其定义为与等价关系 P 的族相关的知识，称为 P 基本知识。同时，也将 $U/IND(\{a,b,c\}) = \{\{1,2\},\{3\},\{4,5\}\}$ 记为 U/P，$IND(P)$ 的等价类称为关系 P 的基本概念或基本范畴。

对于表 6-2 给出的收入决策表的例子，计算 $U/IND(C)$ 有如下结果：

$$U/IND(\{a,b,c\}) = \{\{1,2\},\{3\},\{4,5\}\}$$

从中可以看出对象被统一划分，并且组成划分的一个对象在使用选定属性时是不可区分的。一个等价关系就是一个划分。表 6-3 是使用表格形式表示的划分：类 A 来自对象 1 和 2，类 B 来自对象 3，类 C 来自对象 4 和 5。注意类 C 的两个对象有不同的决策值。

表 6-3 收入决策表的等价划分结果

	a	b	c
A	no	good	yes
B	yes	good	yes
C	no	poor	no

6.5 不精确范畴、近似和粗糙度

令 $X \subseteq U$，R 为 U 上的一个等价关系。当 X 能表达成某些 R 基本范畴的并时，称 X 是 R 可定义的；否则称 X 为 R 不可定义的。R 可定义集也称作 R 精确集，而 R 不可定义集也称为 R 非精确集或 R 粗糙集。

对于粗糙集可以近似地定义，使用两个精确集，即粗糙集的上近似（upper approximation）和下近似（lower approximation）来描述。给定知识库 $K=(U, R)$，

对于每个子集 $X \subseteq U$ 和一个等价关系 $R \in IND(K)$，定义两个子集：

$$R \in IND(K) \tag{6-2}$$

$$\underline{R}X = \cup \{Y \in U/R \mid Y \subseteq X\} \tag{6-3}$$

分别称它们为 X 的 R 下近似集和 R 上近似集。集合 $BN_R(X) = \bar{R}X - \underline{R}X$ 称为 X 的 R 边界域；$POS_R(X) = \underline{R}X$ 称为 X 的 R 正域；$NEG_R(X) = U - \bar{R}X$ 称为 X 的 R 负域。显然有

$$\bar{R}X = POS_R(X) \cup BN_R(X) \tag{6-4}$$

$\underline{R}X$ 或 $POS_R(X)$ 是由那些根据知识 R 判断肯定属于 X 的 U 中元素组成的集合；$\bar{R}X$ 是那些根据知识 R 判断可能属于 $\bar{X}$ 的 U 中元素组成的集合；$BN_R(X)$ 是那些根据知识 R 既不能判断肯定属于 X 又不能判断肯定属于 $\bar{X}$ 的 U 中元素组成的集合；$NEG_R(X)$ 是那些根据知识 R 判断肯定不属于 X 的 U 中元素组成的集合。如图 6－1 可以形象地表示这种关系。

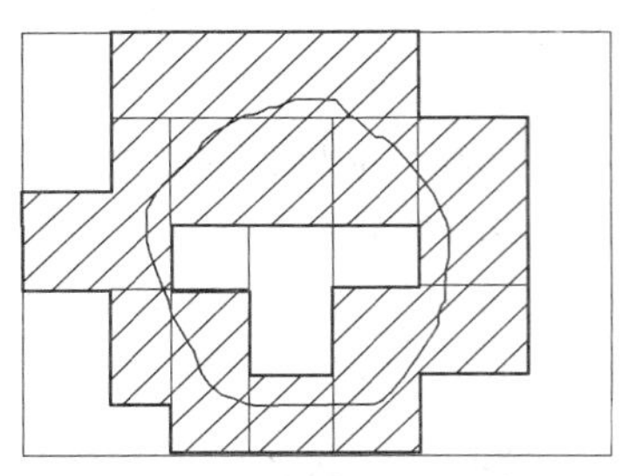

图 6－1 粗糙集概念示意图

从图中 6－1 可以看出，整个近似空间由划分成基本区域的长方块构成的 (U,R) 定义，每一个基本区域代表 R 的一个等价类。不规则曲线代表集合 X，内层粗线里面的区域就是集合 X 的下近似集，也就是正域，外面的区域是负域；外层粗线里面的区域是集合 X 的上近似集；阴影部分就是集合 (U,R) 的边界。

集合的不精确性是由于边界域的存在而引起的，集合的边界域越大，其精确性越低。为了更准确地表达这一点，引入了精度概念。由等价关系 R 定义的集合 X 的近似精度为：

$$\alpha_R(X) = \frac{|\underline{R}X|}{|\bar{R}X|} \tag{6-5}$$

其中 $X \neq \varnothing$，$|X|$ 表示集合 X 的基数。

精度用来反映对集合 X 的知识的了解程度。显然，$0 \leqslant \alpha_R(X) \leqslant 1$。当 $\alpha_R(X) = 1$ 时，即称集合 X 是 R 可定义的；当 $\alpha_R(X) < 1$ 时，即称集合 X 是 R 不可定义的。

当然，也可以用其他量度来定义集合 X 的不精确程度，比如，用 X 的 R 粗糙度 $\rho_R(X)$ 来定义：

$$\rho_R(X) = 1 - \alpha_R(X) \tag{6-6}$$

X 的 R 粗糙度与精度恰恰相反，它表示关于集合 X 知识 R 的不完备程度。

6.6 区分矩阵

区分矩阵（discernibility matrix）是由波兰华沙大学的著名数学家 Skowron 提出来的，利用这个工具，可以将存在于复杂的信息系统中的全部不可区分关系表达出来。

一个信息系统 $IS = (U,A)$ ，对于属性集 $B \subseteq A$ ，区分矩阵定义如下：

$$M(B) = (m_{ij})_{n\times n}, 1 \leqslant i,j \leqslant n = | U/IND(B) |$$

$$m_{ij} = \{a \in B | a(X_i) \neq a(X_j)\}, i,j = 1,2,\cdots,n \tag{6-7}$$

区分矩阵的元素 m_{ij} 是 B 中能区分对象类 $X_i, X_j \in U/IND(B)$ 的属性集。

对于一个决策系统 $IS = (U, C \cup D)$ ，区分矩阵定义如下：

$$M(C,D) = (M_D(i,j))_{n\times n}, 1 \leqslant i,j \leqslant n = | U/IND(C) |,$$

$$U/IND(B) = \{X_1, X_2, \cdots, X_N\}$$

$$M_D(i,j) = \begin{cases} \varnothing, D(X_i) = D(X_j) \\ \{a \in C | a(X_i) \neq a(X_j)\}, \text{其他} \end{cases} \tag{6-8}$$

表 6-2 收入决策表对应的区分矩阵由表 6-4 收入决策表的区分矩阵给出。

表 6-4　收入决策表的区分矩阵

	A	B	C
A	∅	a	b, c
B	a	∅	a, b, c
C	b, c	a, b, c	∅

6.7 知识的约简和核

知识约简是粗糙集理论的核心内容之一。知识约简就是在保持知识库分类能力不变的条件下，删除其中不相关或不重要的知识。知识约简的两个重要概念是约简和核。

6.7.1 约简和核

设 R 为一个等价关系簇集，$P \in R$ ，如果 $IND(R) = IND(R - \{P\})$ ，则称 P 为 R 中不必要的；否则称 P 为 R 中必要的。如果每一个 $P \in R$ 都为 R 中必要的，则称 R 为独立的，否则称 R 为依赖的。

设 $Q \subseteq P$ ，如果 Q 是独立的，且 $IND(Q) = IND(P)$ ，则称 Q 为 P 的一个约简，记为 $RED(P)$ 。显然，P 可以有多个约简。P 中所有不可缺的等价关系组成

的集合称为 P 的核，记作 $CORE(P)$ 。

核与约简有如下关系：

$$CORE(P) = \cap RED(P) \tag{6-9}$$

式中，$RED(P)$ 为 P 的所有约简。显然，核这个概念有两方面的用处：首先它可以作为所有约简的计算基础，因为核包含在所有的简式之中，并且计算可以直接进行；其次可解释为在知识约简时它是不能消去的知识特征集合。

例 6-1 设 (U, R) 是一个知识库，其中 $U=\{x_1, x_2, x_3, x_4, x_5, x_6, x_7, x_8\}$，$R=\{R_1, R_2, R_3\}$，$R_1$、$R_2$ 和 R_3 有下列等价类：

$U/R_1=\{\{x_1, x_4, x_5\}, \{x_2, x_8\}, \{x_3\}, \{x_6, x_7\}\}$；

$U/R_2=\{\{x_1, x_3, x_5\}, \{x_6\}, \{x_2, x_4, x_7, x_8\}\}$；

$U/R_3=\{\{x_1, x_5\}, \{x_6\}, \{x_2, x_7, x_8\}, \{x_3, x_4\}\}$。

关系 $IND(R)$ 的划分为：

$U/IND(R)=\{\{x_1, x_5\}, \{x_2, x_8\}, \{x_3\}, \{x_4\}, \{x_6\}, \{x_7\}\}$

由上述定义，得：

(1) $U/IND(R-\{R_1\})=\{\{x_1, x_5\}, \{x_2, x_7, x_8\}, \{x_3\}, \{x_4\}, \{x_6\}\} \neq U/IND(R)$，关系 R_1 在 R 中是必不可少的。

(2) $U/IND(R-\{R_2\})=\{\{x_1, x_5\}, \{x_2, x_8\}, \{x_3\}, \{x_4\}, \{x_6\}, \{x_7\}\} = U/IND(R)$，关系 R_2 是多余的。

(3) $U/IND(R-\{R_3\})=\{\{x_1, x_5\}, \{x_2, x_8\}, \{x_3\}, \{x_4\}, \{x_6\}, \{x_7\}\} = U/IND(R)$，关系 R_3 也是多余的。

所以 $\{R_1, R_2\}$ 和 $\{R_1, R_3\}$ 是 R 中的两个约简。

(4) $CORE(R) = \cap RED(R) = \{R_1, R_2\} \cap \{R_1, R_3\} = \{R_1\}$，$\{R_1\}$ 是 R 的核。

6.7.2 相对约简和相对核

在应用中，一个分类相对于另一个分类的关系十分重要。令 P 和 Q 为 U 中的等价关系，Q 的 P 正域记为 $POS_P(Q)$，即

$$POS_P(Q) = \bigcup_{X \in U/Q} \underline{P}X \tag{6-10}$$

Q 的 P 正域是 U 中所有根据划分 U/P 的信息可以准确地分类到关系 Q 的等价类中去的对象集合。

令 P 和 Q 为等价关系族，$R \in P$，如果

$$POS_{IND(P)}(IND(Q)) = POS_{IND(P-\{R\})}(IND(Q)) \tag{6-11}$$

则称 R 为 P 中 Q 不必要的；否则 R 为 P 中 Q 必要的。为简单起见，也用 $POS_S(Q)$ 代替 $POS_{IND(P)}(IND(Q))$ 。如果 P 中的每个 R 都为 Q 必要的，则称 P 为 Q 独立的。

设 $S \subseteq P$，S 为 P 的 Q 约简当且仅当 S 是 P 的 Q 独立的且

$$POS_S(Q) = POS_P(Q) \qquad (6-12)$$

P 的 Q 约简为相对简式。P 中所有 Q 必要的初等关系构成的集合称为 P 的 Q 核，简称为相对核，记为 $CORE_Q(P)$。

相对核与相对约简的关系如下：

$$CORE_Q(P) = \cap RED_Q(P) \qquad (6-13)$$

式中，$RED_Q(P)$ 为所有 P 的 Q 约简构成的集合。

对于上面收入决策表的例子，计算区分函数，得出相对约简：

$$f(A,C) = a \wedge (b \vee c) = (a \wedge b) \vee (a \wedge c)$$

$$f(B,C) = a \wedge (a \vee b \vee c) = a$$

$$f(C,C) = (b \vee c) \wedge (a \vee b \vee c) = b \vee c$$

其中每个合取子式均为约简。例如，A 有两个相对约简 $\{a, b\}$ 和 $\{a, c\}$。

6.8 属性的重要性

在进行分类时，可从知识库的表中去掉某些属性，看分类是否变化，若分类变化较大，说明该属性强度大，即重要性高；反之，说明该属性强度小，即重要性低。

6.8.1 基于知识依赖性的属性重要度

要进行知识约简，必须研究知识的依赖性。知识的依赖性可形式化地定义如下：

令 $K = (U,R)$ 是一个知识库，$P \subseteq R, Q \subseteq R$，则：

知识 Q 依赖于知识 P（记作 $P \Rightarrow Q$）当且仅当 $IND(P) \subseteq IND(Q)$；

知识 P 与知识 Q 等价（记作 $P \equiv Q$）当且仅当 $a \in C - R$ 且 $Q \Rightarrow P$；

知识 P 与知识 Q 独立（记作 $P \neq Q$）当且仅当 $P \Rightarrow Q$ 与 $Q \Rightarrow P$ 均不成立。

当知识 Q 依赖于知识 P 时，也说知识 Q 是由知识 P 导出的。有时知识的依赖性可能是部分的，这意味着用知识 P 只能导出 Q 的部分知识，部分可导出可以由知识的正域来定义：

令 $K = (U,R)$ 为一知识库，且 $P \subseteq R, Q \subseteq R$，当

$$k = \gamma_P(Q) = | POS_P(Q) | / | U | \qquad (6-14)$$

则称知识 Q 是 k 度依赖于知识 P 的，记作 $P \Rightarrow_k Q$。

当 $k = 1$ 时，称 Q 完全依赖于 P；当 $0 < k < 1$ 时，称 Q 粗糙依赖于 P；当 $k = 0$ 时，称 Q 完全独立于 P。系数 $\gamma_R(Q)$ 可以看作 Q 和 P 间的依赖度。

基于依赖性的属性重要度定义如下：

令 C 为条件属性的集合，D 为决策属性的集合，在已知条件属性 R 的前提下，

一个属性 $a \in C - R$ 关于决策属性 D 的重要度定义为：

$$SGF(a,R,D) = \gamma_{R \cup \{a\}}(D) - \gamma_R(D) \tag{6-15}$$

$SGF(a,R,D)$ 反映了把属性 a 加入到属性集 R 后，R 与 D 之间依赖度的增加程度。$SGF(a,R,D)$ 的值越大，属性 a 对于 D 就越重要。

6.8.2 基于信息熵的属性重要度

信息蕴含在不确定性中，不确定性越大，则信息量越大。信息论中，用信息熵来度量事件出现 i 结果的不确定性程度。而在概率论中，不确定性用随机变量来描述。

设 X 是取有限个值的随机变量 $p_i(i = 1,\cdots,n)$，则 X 的熵定义为：

$$H(X) = \sum_{i=1}^{n} p_i \log_2 \frac{1}{p_i} = -\sum_{i=1}^{n} p_i \log_2 p_i \tag{6-16}$$

$SGF(a,R,D) = H(D \mid R) - H(D \mid R \cup \{a\})$ 的熵越大，则表明 X 的不确定性越大。熵就是概率场的平均信息量。而 X 的某一取值 X_i 的信息量定义为：$H(X_i) = -\log_2 p_i$。

设两个随机变量 X、Y（均取有限值），它们的联合概率分布为 $p(x,y) = P\{X = x, Y = y\}$，边际概率分布为 $p(x) = P\{X = x\}$，$p(y) = P\{Y = y\}$，对 $U/R = \{x_1,x_2,\cdots,x_n\}$，$U/D = \{y_1,y_2,\cdots,y_n\}$，已知 $\{Y = y\}$ 下，X 的条件熵为：

$$H(X \mid Y = y) = -\sum_{i=1}^{n} p(x_i \mid y) \log_2 p(x_i \mid y) \tag{6-17}$$

已知 Y 的条件下，X 的平均条件熵定义为：

$$\begin{aligned} H(X \mid Y) &= \sum_{i=1}^{m} p(y_i) H(X \mid Y = y_i) \\ &= -\sum_{i=1}^{m} p(y_i) \sum_{j=1}^{n} p(x_j \mid y_i) \log_2 p(x_j \mid y_i) \end{aligned} \tag{6-18}$$

条件熵 $H(X \mid Y)$ 反映了已知随机变量 Y 的取值结果后，随机变量 X 的取值结果的不确定性还有多大。

知识 X 与 Y 的互信息定义为：

$$I(X;Y) = H(X) - H(X \mid Y) \tag{6-19}$$

基于信息熵的属性重要度定义如下：

令 C 为条件属性的集合，D 为决策属性的集合，在已知条件属性 R 的前提下，则在 R 中增加一个属性 $a \in C - R$ 后互信息的增量为：

$$\begin{aligned} \Delta I &= (R \cup \{a\};D) - I(R;D) \\ &= (H(D) - H(D \mid R \cup \{a\})) - (H(D) - H(D \mid R)) \\ &= H(D \mid R) - H(D \mid R \cup \{a\}) \end{aligned} \tag{6-20}$$

因此，属性 a 关于决策属性 D 的重要度可以定义为：

$$SGF(a,R,D) = H(D \mid R) - H(D \mid R \cup \{a\}) \quad (6-21)$$

由此可见，在已知 R 的条件下，$SGF(a,R,D)$ 的值越大，属性 a 对于决策 D 就越重要。

6.9 决策规则的产生

在产生决策规则之前，首先对决策表中的属性进行约简。即将要进行处理的信息表达为 $IS = (U,A,V,f)$ 的决策表形式，消除决策表中重复的成员，使决策表中不含相同属性及属性值的重复成员；删除多余的条件属性，消除决策表中多余的列；消除决策表中重复的行；消除每一决策规则中的冗余属性；从决策表中提取决策规则。设 $IS = (U,A,V,f)$ 中，$A = C \cup D$，$C \cap D = \varnothing$，C 为条件属性的集合；D 为决策属性的集合；令 X_i 和 Y_j 分别代表 $U \mid C$ 与 $C \mid D$ 中的各个等价类，$\mu(X_i,Y_j) = \mid X_i \cap Y_j \mid / \mid X_i \mid$ 与 $des(Y_j)$ 分别表示等价类 X_i 和 Y_j 对于各条件属性值和决策属性值的特定取值，则决策规则定义为：$r_{ij}: des(X_i) \to des(Y_j)$，$X_i \cap Y_j \neq \varnothing$，规则的确定性因子 $\mu(X_i,Y_j) = \mid X_i \cap Y_j \mid / \mid X_i \mid$；当 $\mu(X_i,Y_j) = 1$ 时，r_{ij} 是确定的；当 $0 < \mu(X_i,Y_j) < 1$ 时，r_{ij} 是不确定的。

值得一提的是，由于属性的简化可以有多个，决策表的简化也会有多个，从而产生不同的决策规则，在实际应用中，通常选定最简化决策表来生成规则。

对于上面收入决策表的例子，可得到如下规则：

A：$a = \text{no} \wedge b = \text{good} \to d = \text{high}$

$\text{a} = \text{no} \wedge c = \text{yes} \to d = \text{high}$

B：$a = \text{yes} \to d = \text{none}$

C：$b = \text{poor} \to d = ?$

$c = \text{no} \to d = ?$

C 中所获得规则没有具体给出 income 的属性值，因为它对于此类中的所有对象是不同的，故称它为模糊类。

6.10 粗糙集方法在数据挖掘中的应用范围

粗糙集在数据挖掘中有广泛的用途，在此更进一步地对粗糙集方法在数据挖掘中的适用范围作出总结：

（1）规则学习和决策表推导。在确保简化后的决策系统与原系统具有一样的分类能力的前提下，通过使用知识约简和范畴约简，将决策系统化简并且找到最小决策规则集合，以期达到最大限度泛化的目的。

（2）知识约简。在粗糙集中约简和相对约简是十分重要的概念，它反映了一个决策系统的本质。通过对条件属性集合的约简，可以保证简化后的决策系统与原系统具有一样的分类能力。从数据预处理的角度看，属性约简能删除冗余属性，从而提高系统的效率。

（3）属性相关分析。粗糙集方法中属性重要程度可以用来衡量该属性对分类的影响程度，它与 ID3 中的信息增益类似，可以证明两者在一定条件下是等价的。

（4）进行数据预处理。粗糙集方法可以删除多余属性，可以提高发现效率，降低错误率等。

从数据挖掘的角度来看，因为粗糙集方法中的决策表可以被看作关系型数据库中的关系表，所以粗糙集方法的伸缩性、鲁棒性和抗噪声能力都较强，知识的理解行和开放行也较好。但是，粗糙集方法的模型描述能力一般。

参考文献

[1] Pawlak Z. Rough Sets [J]. Int. Journal of Computer and Information Sciences, 1982, 11 (5): 341~356.

[2] Pawlak Z. Rough Sets: Theoretical Aspects of Reasoning about Data [M]. Dordrecht: Kluwer Academic Publishing, 1991.

[3] 苗夺谦，王钰. 粗糙集理论中概念与运算的信息表示 [J]. 软件学报，1999，10 (2): 113~116.

[4] 苗夺谦，胡桂荣. 知识约简的一种启发式算法 [J]. 计算机研究与发展，1999，36 (6): 681~684.

[5] 王国胤. 决策表核属性的计算方法 [J]. 计算机学报，2003，26 (5): 611~615.

[6] Wang G Y, Zhao J. Theoretical Study on Attribute Reduction of Rough Set Theory: Comparison of Algebra and Information View [C]. Proceedings of the Third IEEE International Conference on Cognitive Informatics (ICCI' 04), 2004: 148~155.

[7] 夏春艳. 基于粗集属性约简的数据挖掘技术的研究与应用 [D]. 长春：长春理工大学，2004.

[8] 尹巧珍. 基于粗集理论属性约简的数据挖掘系统 [D]. 长春：长春理工大学，2003.

7　属性约简算法

粗糙集理论的数据约简包括属性约简和值约简两种。属性约简是粗糙集理论中的一个重要研究课题，它的意义在于可以删除冗余信息，形成精简的规则库以便人们（或者机器人）做出快速、准确的决策。确切地说，属性约简是对决策表中的条件属性进行简化，且约简后的决策表与原决策表具有相同的性质，但是约简后的决策表具有更少的条件属性。从计算复杂性的角度已经证实最小约简是一个 NP - hard 问题，导致 NP - hard 问题的主要原因是属性的组合爆炸。高效的约简算法是粗糙集应用于知识发现的基础，要在令人可接受的时间内获得约简的通常做法是基于启发式知识的约简方法。因此，寻求快速的约简算法及其增量版本这一问题仍是粗糙集理论的研究热点之一。

7.1　属性约简的典型算法

下面介绍一些属性约简的典型算法。

7.1.1　基本算法

基本算法首先构造区分矩阵。在区分矩阵的基础上得出区分函数。然后应用吸收律对区分函数进行化简，使之成为析取范式。则每个主蕴含式均为约简。基本算法可以求出所有的约简，但是只适合于非常小的数据集。

算法如下：

输入：一个决策表 $IS=(U, A, V, f)$，其中 $A=C\cup D$，且 $C\cap D\neq\varnothing$，C 为条件属性集，D 为决策属性集

输出：相对约简 $RED_D(C)$

（1）计算决策表 IS 的区分矩阵 $M(C, D)$；

（2）求决策表 IS 的区分函数 $f(X, C)$；

（3）利用幂等率与吸取率化简区分函数 $f(X, C)$，使之成为析取范式，其中的每个合取子式均为约简；

（4）输出 $RED_D(C)$。

7.1.2　启发式算法

启发式算法非常简单和直观。因为核是信息系统或决策表的所有约简的交集，所以这个算法使用核作为计算约简的出发点，计算一个最好的或者用户指定

的最小约简。算法将属性的重要性作为启发规则，根据属性重要性的某种测度依次选择最重要的属性加入核中。首先按照属性的重要程度从大到小逐个加入属性，直至该集合是一个约简为止。接着检查该集合中的每个属性，看移走该属性是否会改变该集合的决策属性依赖度，如果不影响则将其删除。

7.1.3 遗传算法

目前，已经有不少用遗传算法计算约简的算法，各种算法的不同之处主要在表示和适值函数的不同。这里介绍具有代表性的 Bjorvand 和 Komorowski 提出的遗传算法。表示：每个位串代表区分矩阵的一项，即两个对象的区分属性集。某位为 1 时表示该属性存在，否则不存在。这样每个位串是一个约简的候选。定义适值函数如下[1]：

$$F(v) = \frac{N - L_v}{n} + \frac{C_v}{(m^2 - m)/2} \qquad (7-1)$$

式中，N 为属性集合的长度；L_v 为 v 中 1 的个数；C_v 为 v 能区分的对象组合的个数；m 为对象的个数。该函数由两部分组成，前一部分的目的是希望 L_v 的长度尽可能小，后一部分希望区分的对象尽可能多。在设计初始种群时，可以考虑将核或专家认为必要的属性加入种群中，以加快算法的收敛。

7.1.4 复合系统的约简

Kryszkiewicz 和 Rybinski 研究了在复合信息系统中寻求约简的问题，即怎样利用现有的子系统的约简求复合系统的约简。其主要思想是将布尔函数的化简问题转化成集合空间中的边界搜索问题。而在已知子系统的约简的情况下，复合系统的搜索空间将得到简化。设有信息系统 IS_1，IS_2。它们的属性集合相同。设 f_1 和 f_2 分别是它们的区分函数。则整个信息系统 IS 的区分函数 f 可表示为 $f = f_1 \wedge f_2 \wedge f_{12}$。其中 f_{12} 代表 IS_1，IS_2 中的对象分别作为纵横坐标组成的区分函数。根据上面的讨论，如果我们已知 IS_1 和 IS_2 的约简时，则 IS 的约简只需在空间 [MINS $(f_1 \wedge f_2)$，$\{A\}$] 上搜索而不必从头开始。其中 MINS $(f_1 \wedge f_2)$ 是两个子系统的约简的交的最小值。因而搜索空间大大减小[1]。

7.1.5 扩展法则

Starzyk、Nelson 和 Sturtz 提出一种新概念，称为强等价（strongequivalence），进而发展为扩展法则，用于快速简化区分函数。两个属性称为局部强等价，若它们在区分函数的所有项中同时出现或不出现。当两个属性是局部强等价时，它们就可以仅用一个属性代替。实验表明该算法比基本算法快数十到数百倍，因而能处理更大的数据集。

7.1.6 动态约简

动态约简在某种意义上是给定决策表中最稳定的约简，它们是在从给定决策表中随机抽样形成的子表中最常出现的约简。动态约简能够有效地增强约简的抗噪声能力。动态约简的计算过程较为简明，主要是对决策表进行采样，然后对采样后的决策表计算所有约简。在所有的子表中保持不变或近似保持不变的约简就是动态约简。

7.2 启发式属性约简算法分析

大部分启发式约简算法的基本步骤是：由信息系统或决策表的核为起始点，然后根据属性的某种测度，依次选择最重要的属性加入核中，直到满足终止条件，以便得到信息系统或决策表的一个最佳约简。此处所说的“最佳”，或者是具有最少的属性数量，或者是能够覆盖最大的论域空间，选择何种标准需要具体问题具体分析。

7.2.1 基于属性依赖度的约简算法

基于属性依赖度的约简算法的主要思想是：从信息系统或决策表的核出发，根据属性的依赖性定义属性的重要度，然后以属性的重要度即属性的依赖度为启发信息，依次选择最重要的属性加入核中，直到满足终止条件，便得到信息系统或决策表的一个约简。

约简算法[2]：

输入：决策表 IS＝（U，A，V，f），其中 $A=C\cup D$，且 $C\cap D\neq\varnothing$，C 称为条件属性集，D 称为决策属性集，相对核 $CORE_D$（C）

输出：相对约简 $RED_D(C)$

（1）$RED_D(C) = CORE_D(C)$；

（2）$C'' = C - RED_D(C)$；

（3）在 C'' 中找到使得 SGF（a，RED_D（C），D）$=\gamma_{REDD(C)\cup\{a\}}(D)-\gamma_{REDD(C')}(D)$ 取最大值的属性 a；

（4）如果使 SGF（a，RED_D（C），D）取最大值的属性多于一个，则从中选取一个与 RED_D（C）的值的组合数最小的属性作为 a；

（5）RED_D（C）$=RED_D$（C）$\cup$ $\{a\}$，$C''=C''-\{a\}$；

（6）如果 $\gamma_{REDD(C)}(D)=1$，则终止；否则转（3）。

7.2.2 基于信息熵的约简算法

基于信息熵的约简算法的主要思想是：从信息系统或决策表的核出发，根据信息熵定义属性的重要度，然后以属性的重要度即信息熵为启发信息，依次选择最重要的属性加入核中，直到满足终止条件，便得到信息系统或决策表的一个约简。

约简算法：

输入：决策表 $S=(U, A, V, f)$，其中 $A=C\cup D$，且 $C\cap D\neq\varnothing$，C 称为条件属性集，D 称为决策属性集，相对核 $CORE_D(C)$

输出：相对约简 $RED_D(C)$

(1) $RED_D(C) = CORE_D(C)$；

(2) $C'' = C - RED_D(C)$；

(3) 在 C'' 中找到使得 $SGF(a, RED_D(C), D) = H(D|R) - H(D|R\cup\{a\})$ 取最大值的属性 a；

(4) 如果使 $SGF(a, RED_D(C), D)$ 取最大值的属性多于一个，则从中选取一个与 $RED_D(C)$ 的值的组合数最小的属性作为 a；

(5) $RED_D(C) = RED_D(C)\cup\{a\}$，$C'' = C'' - \{a\}$；

(6) 如果 $\gamma_{REDD(C)}(D) = 1$，则终止；否则转 (3)。

7.2.3 基于属性重要性和频度的约简算法

基于属性重要性和频度的约简算法的主要思想是：以属性的核为基础，把核和用户偏好集同时作为属性近似约简的一部分，以属性在区分矩阵里出现的频率作为选择属性的启发信息，因为一个属性在区分矩阵里出现的频率反映了它区别对象的能力。如果属性出现的频率高，就可能是约简中的成员。并且，在生成区分矩阵的同时计算属性的频度信息，大大减少了计算时间。

约简算法：

输入：决策系统 $IS=(U, C\cup D)$，其中，U 为对象集合，C 为条件属性集合，D 为决策属性集合（决策属性只能有一个）；用户偏好的属性集合 UP，即用户认为比较重要的条件属性子集

输出：条件属性集 C 的约简 RED

步骤：

(1) for (i=1; i<=n; ++i) count (ci) =0; //其中 $ci\in C$

(2) M=DisMat (S); count=CalFre (M);

//生成区分矩阵 M，同时计算频度信息 count (ci)

(3) CORE=GeneCore (M, count);

//由区分矩阵 M 生成条件属性集的核 $CORE$

(4) $RED = CORE\cup$ UP;

(5) AR = C − RED;

(6) sort (AR);

//按照属性的频度值大小对属性集 AR 排序

(7) depRed = r (RED, D); depC = r (C, D); //计算

(8) while (depRED < depC)

```
{
1) ci = selectmax (AR);
//从 AR 中选择一个频度最大的属性
2) REDOld = Red;
3) RED = RED ∪ {ci}; AR = AR - {ci};
4) depRED = r (RED, D);
depREDOld = r (depREDOld, D); //计算依赖度
5) if (depRED = depREDOld)
{
RED = RED - {ci};
DepRED = depREDOld;
}
}
9) return (RED);
```

7.2.4 属性重要度的完备性分析

考察下面两个例子来看两个属性重要度的标准是否完备。

例 7-1 设有一信息决策表 $T1=(U, C\cup D, V, f)$，其中 $C=\{c1, c2\}$，$D=\{d\}$。见表 7-1。

表 7-1 信息决策表 *T1*

U	*c*1	*c*2	*D*
1	0	0	0
2	0	0	0
3	0	0	0
4	0	0	0
5	1	0	0
6	1	0	0
7	1	1	0
8	1	1	0
9	0	0	1
10	0	0	1
11	0	1	1
12	0	1	1
13	1	1	1
14	1	1	1
15	1	1	1

续表 7－1

U	c1	c2	D
16	1	1	1
17	2	2	1
18	2	2	1
19	2	2	1
20	2	2	1
21	3	3	1
22	3	3	1
23	3	3	1
24	3	3	1

根据式（4－15），基于粗糙集的属性重要度（属性依赖度）：

$SGF(c1, C, D) = 16/32 - 0 = 0.5$；

$SGF(c2, C, D) = 16/32 - 0 = 0.5$；

根据式（4－21），基于信息熵的属性重要度：

$SIF(c1, C, D) = H(D^{*}) - H(D^{*} \mid \{c1\}) = 0.3113$；

$SIF(c2, C, D) = 0.4056$。

由此可得，两种标准计算的结果不同，第一种计算方法表明 c1 和 c2 的属性重要度相同，第二种计算方法表明 c2 的属性重要度高于 c1 的属性重要度，且第二种比较接近实际。

例 7－2 设有一信息决策表 $T2 = (U, C \cup D, V, f))$，其中 $C = \{c1, c2\}$，$D = \{d\}$。见表 7－2。

表 7－2 信息决策表 T2

U	c1	c2	D
1	0	0	0
2	0	0	0
3	0	0	0
4	0	0	0
5	1	0	0
6	1	0	1
7	1	1	1
8	1	1	1
9	2	0	0

续表 7－2

U	c1	c2	D
10	2	1	1
11	2	1	1
12	2	1	1
13	3	0	0
14	3	1	0
15	3	1	1
16	3	1	1

根据式（4－15），基于粗糙集的属性重要度（属性依赖度）：

$SGF(c1, C, D) = 0.25$；$SGF(c2, C, D) = 0$；

根据式（4－21），基于信息熵的属性重要度：

$SIF(c1, C, D) = 0.3444$；$SIF(c2, C, D) = 0.4564$；

可以看出，根据第一种标准，c2 的重要度低于 c1 的重要度，根据第二种标准，c2 的重要度高于 c1 的重要度，且第一种更接近实际。

通过上面的两个反例说明这两种定义在不相容信息系统下都不是完整的。

7.2.5 属性约简算法的综合分析

在信息论中信息熵是信息的量度，而粗糙集理论的一个重要思想是知识的粒度性，根据某个等价关系可以把论域划分为正域、负域和边界域。在基于属性依赖性的约简算法中，以属性的依赖度定义属性的重要度，属性重要度的计算只考虑了正域中元素的影响，忽略了边界域中元素的影响，所以这个方法显得过于“粗糙”。在基于信息熵的约简算法中，以信息熵定义属性的重要度，属性的重要度细致地刻画了边界域中的元素提供的信息，忽略了正域中元素的影响，所以这个方法又显得过于“细致”。由此可见，上面介绍的两种度量属性重要度的方法都是不完备的。因此，有必要综合考虑这两种标准，把属性依赖度作为主要标准，信息熵作为辅助标准，以二者的加权平均定义属性的重要度[3]。

区分矩阵可以将存在于复杂的信息系统中的全部不可区分关系表达出来，但当论域的对象与属性的规模较大时，区分矩阵将占有大量的存储空间，所以只要数据集稍大一点，就不具备可操作性。但重要的是通过区分矩阵可以很方便地求取属性核，而且许多启发式算法都以属性的核为出发点，以属性重要度为启发信息，得到属性的约简算法。在基于属性重要性和频度的约简算法中，以核为出发点，同时引入用户偏好集 UP，使算法执行前可人为指定主观认为比较重要的属性加入约简。可是用这种方法得出的约简往往包含很多属性，使得所得到的规则前提条件很长，因而使得算法具有较高的准确性和较强的伸缩性，但算法最后所得的约简很可能还有多余属性，并不是所要求的理想约简。

在约简中往往包含很多属性，尤其当数据集的属性个数很多时，约简集合中可能包含较多属性，所以得出的规则的前提条件就会很长，对用户来说，不够简洁且不易理解。实际上，对决策者而言，决策规则越短（规则的前提条件部分），越容易被理解，可利用性越强。根据经验，一条规则的条件属性最好在3~5个。但是，通常情况下约简的属性数目要远远大于这个数，所以有必要控制属性的个数。多数算法以属性的核为基础，实验表明核的属性个数也很大，在42个数据集中有17个核的属性超过了5个，所以有必要讨论这种情况下的处理方法。核是由重要性大于0的属性组成的，核中的属性相对于核来说也存在重要性差异。核中的属性来源于区分矩阵，如果一个属性多次在区分矩阵中出现，显然该属性在核中更为重要，它的频度信息一定很大。因此理论上把频度信息作为核中考察属性重要度的依据。实验结果表明该论断是正确的[4]。

结合上述分析研究内容，给出几种改进的启发式属性约简算法。

7.3 启发式属性约简算法研究

7.3.1 启发式属性约简算法（一）[5]

启发式属性约简算法（一）的主要思想：从信息系统或决策表的核出发，把属性依赖度作为主要标准，信息熵作为辅助标准，以二者的加权平均定义属性的重要度，使用向前选择法的思想，以属性的重要度作为启发信息，逐步添加属性到候选属性集中，便得到决策系统的一个约简；但当数据集的属性个数很多时，约简集中可能包含较多的属性，所以有必要控制属性的个数。因此，使用向后删除法的思想，把所得约简集作为候选属性集，以属性的频度作为启发信息，从候选属性集中删除对正确分类贡献不大的属性。这样就能得到信息系统或决策表的一个最佳约简。并且，在生成区分矩阵的同时计算属性的频度信息，在求属性核的同时计算核中属性的个数，然后在向前选择和向后选择的过程中，每添加或删除一条属性都记录约简集中属性的个数，这样就大大减少了计算时间。

在向前选择过程中属性重要度（SGF）是把属性依赖度（$SGF1$）作为主要标准，信息熵（$SGF2$）作为辅助标准，以二者的加权平均定义的。由基于属性依赖性定义的属性重要度的公式可知，$0 \leqslant SGF1(a, C, D) \leqslant 1$，由基于信息熵定义的属性重要度的公式可知，$0 \leqslant SGF2(a, C, D) \leqslant \log_2 card(U)$，且$SGF1$追求最大化，$SGF2$追求最小化，因此在加权平均和之前应先对$SGF2$进行一个变换：

$$FSGF2(a,C,D) = 1 - SGF2(a,C,D)/\log_2 card(U) \tag{7-2}$$

该变换保证了这两个标准在同一数量级上进行比较，由于 $SGF1$ 是主要决策标准，因此定义一个系数因子 r，要求 $0.8 \leqslant r \leqslant 1$，任意属性 a 的重要度定义为：

$$SGF(a,C,D) = r * SGF1(a,C,D) + (1-r) * FSGF2(a,C,D) \quad (7-3)$$

算法描述如下：

输入：决策系统 $IS=(U, C \cup D)$，其中，U 为对象集合，C 为条件属性集合，D 为决策属性集合（只能有一个决策属性）；用户设定的约简属性的最多个数为 N；用户设定的依赖度增量阈值为 ε

输出：条件属性集 C 的约简 RED

步骤：

(1) for (i=1; i<=n; ++i)

{count (ci) =0; SGF (ci) =0;} //其中 $ci \in C$

(2) M=DisMat (S); //生成区分矩阵 M

{

1) 计算 n=|U/IND (C)|，生成 n×n 的空属性集矩阵 M (C, D)。

2) for (i=0; i<n; i++)

for (j=i+1; j<n; j++)

for (k=1; k<=|c|; k++)

if ((C$_k$ (X$_i$) ≠C$_k$ (X$_j$)) &&D (X$_i$) ≠D (X$_j$))

$m_{ij}=m_{ij} \cup \{c_k\}$;

}

count=CalFre (M); //同时计算频度信息 count (ci)

(3) Core=GeneCore (M, count);

//由区分矩阵 M 生成条件属性集的核 $Core$

{

1) 置 Core=∅。

2) for (i=0; i<n; i++)

for (j=i+1; j<n; j++)

if (|m_{ij}| ==1)

$C_0=C_0 \cup m_{ij}$;

}

N_0=Card (Core); //同时计算核中属性的个数

(4) RED=Core; Card (RED) =Card (Core);

(5) AR=C-RED;

(6) SGF (ci, R, D) =r×SGF1+ (1-r) ×FSGF2;

//基于加权平均的属性重要度的计算

(7) SortSGF (AR)

//按照属性的重要度值的大小对属性集 AR 排序

(8) depRED=r (RED, D); depC=r (C, D); //计算

(9) while (depRED<depC)

```
{
1） ci = SelectMaxSGF （AR）;
//从 AR 中选择一个重要度最大的属性
2） REDOld = RED;
3） RED = RED∪ {ci};
AR = AR - {ci};
4） depRED = r （RED, D）;
depREDOld = r （depREDOld, D）;
//计算依赖度
5） if （depRED = depREDOld）
{
RED = RED - {ci};
RED = REDOld;
}
}
//上述步骤为向前选择法求属性的约简集 RED
(10） if （Card （RED） > = N）
{
1） AR = RED; //所得约简集作为属性集
2） While （Card （RED） > = N））
{
①SortCount （AR）
//按照属性的频度值大小对属性集 AR 排序
②ci = SelectMinCount （AR）;
//从 AR 中选择一个频度值最小的属性
③REDOld = RED;
④RED = RED - {ci};
AR = AR∪ {ci};
⑤depRED = r （RED, D）;
depREDOld = r （REDOld, D）;
//计算依赖度
⑥if （depREDOld - depRED > ε）
{
RED = RED∪ {ci};
RED = REDOld;
}
}
}
//上述步骤为向后选择法删除约简集中的多余属性
```

(11) return (RED);

7.3.2 启发式属性约简算法(二)[6]

启发式属性约简算法(二)的主要思想:利用区分矩阵求出信息系统或决策表的核,在生成区分矩阵的同时计算条件属性在区分矩阵中出现的频率。然后,以属性在区分矩阵中出现的频率作为属性重要度的启发信息,依次选择重要度大的属性进入约简属性集。但是,在选择重要度大的属性进入约简集之前,先计算该属性与约简集中各个属性的相关程度。如果该属性与约简集中的某个属性的相关度很高,也就是说,在约简集中已经存在与该属性所表达的信息能力十分相似的属性,则认为该属性为冗余属性。相反,如果该属性与约简集中的属性的相关度都较小,即在约简集中不存在与该属性所表达的信息能力很相近的属性,则认为该属性应为约简集中的属性,将其选入到约简集中。依次判断重要度大的属性(即出现频率较高的属性),直到约简集和最初信息表的所有属性的依赖度一致为止。

算法描述如下:

输入:决策系统 $IS=(U, C\cup D)$,其中,U 为对象集合,C 为条件属性集合,D 为决策属性集合

输出:条件属性集 C 的约简集 RED

步骤:

(1) for (i=1; i<n; ++i)

{count (ci) =0; SGF (ci) =0;} //其中 $ci\in C$

(2) M=DisMat (S); //生成区分矩阵 M

{

1) 计算 $n=|U/IND(C)|$,生成 $n\times n$ 的空属性集矩阵 M (C, D);

2) for (i=0; i<n; i++)

for (j=i+1; j<n; j++)

for (k=1; k<=|c|; k++)

if (($C_k(X_i)\neq C_k(X_j)$) &&$D(X_i)\neq D(X_j)$)

$m_{ij}=m_{ij}\cup\{c_k\}$;

}

count=CalFre (M); //同时计算频度信息 count (ci)

(3) Core=GeneCore (M, count);

//由区分矩阵 M 生成条件属性集的核 $Core$

{

1) 置 Core=∅。

2) for (i=0; i<n; i++)

for (j=i+1; j<n; j++)

if (|m_{ij}|==1)

```
C0 = C0 ∪ mij;
}
(4) RED = Core; Card (RED) = Card (Core);
(5) AR = C - RED;
(6) SGF (ci, C, D) = 在 M 中属性 a 的出现频率;
//基于频率的属性重要度的计算
(7) SortSGF (AR)
//按照属性的重要度值的大小对属性集 AR 排序
(8) depRED = r (RED, D); depC = r (C, D);
(9) while (depRED < depC)
{
1) ci = SelectMaxSGF (AR);
//从 AR 中选择一个重要度最大的属性
2) for (i = 0; i < | RED | ; i + + )
if (relevance (ci, RED (i)) < ε)
t = 1
else
t = 0
//判断属性与约简集中各属性的相关度是否小于阈值 ε
3) if (t = = 1)   REDOld = RED;
4) RED = RED ∪ {ci};
AR = AR - {ci};
5) depRED = r (RED, D);
depREDOld = r (depREDOld, D);
//计算依赖度
6) if (depRED = = depREDOld)
{
RED = RED - {ci};
RED = REDOld;
}
}
(11) return (RED);
```

7.3.3 启发式属性约简算法（三）[7,8]

启发式属性约简算法（三）的主要思想：在构造区分矩阵的过程时，若出现属性组合数为 1 的矩阵项，即出现了核属性。那么在之后的矩阵项求取过程中，如果矩阵项中包含核属性，则将此矩阵项置空。构造出区分矩阵后，按照区分矩阵中属性出现的频率逐渐将属性重要度大的属性加入约简集，直到所得约简集与原信息表的依赖度一致为止。

在计算属性频率的时候基于两个思想，一是属性在区分矩阵中出现的次数越多，该属性的重要性越大；二是区分矩阵中的项越短，该项中属性的重要性越大。这样，可以通过计算属性在区分矩阵中出现的频率来定义属性的重要性。因此，可定义属性重要性函数为：

$$SIG(a) = \sum_{i=1}^{n} \mathrm{count}(a_i)/i \tag{7-4}$$

式中，n 为区分矩阵中含有属性 a 的所有属性项中最长项的属性个数；i 为含有属性 a 的属性项的长度；count（a_i）为属性 a 在区分矩阵长度为 i 的项中出现的次数。

算法描述如下：

输入：决策系统 $IS=(U, C\cup D)$，其中，U 为对象集合，C 为条件属性集合，D 为决策属性集合

输出：条件属性集 C 的约简集 RED

步骤：

(1) Core (A) $=\varnothing$；

(2) M = matrix；//生成简化区分矩阵 M

1) n←|U|，matrix←∅，t←|A|

2) s←1，d (s) ←∅，i←1

3) j←i+1

4) k←1

5) if f (i, a_k) ≠f (j, a_k) then matrix (i, j) ←matrix (i, j) +a_k

6) k←k+1，如果 k≤t 转 5)，否则 d (s) ←matrix (i, j)，s←s+1 转 7)

7) j←j+1，如果 j≤n 转 4)，否则转 8)

8) i←i+1，如果 i≤n-1 转 3)，否则转 9)

9) 对数组 d (s) 的每个元素逐一判断是否包含另一元素，若是则把该元素置空，输出简化区分矩阵 matrix

(3) Core = GeneCore (M, count)；//由简化区分矩阵求属性的核 *Core*

{for (i=0; i<n; i++)

for (j=i+1; j<n; j++)

if (|m_{ij}| ==1)

$C_0=C_0\cup m_{ij}$;}

(4) 根据公式 SIG (a) = $\sum_{i=1}^{n}\mathrm{count}(a_i)/i$ 计算每个属性的重要性；

(5) while (γ (RED, D) ≠γ (RED, C))

selecr (a) =max (SIG (ai))

(6) 输出属性约简集 *RED*

7.3.4 启发式属性约简算法（四）[9]

启发式属性约简算法（四）的主要思想：首先，利用相对正域求出相容与不相容信息系统的核。然后，以属性的依赖度定义属性的重要度，根据属性重要度为启发信息，依次选择属性重要度大的属性加入约简集，直到满足终止条件为止，假设依赖度阈值 ε。

对于一个信息系统 $S=(U, V, f, A\cup\{d\})$，如果去掉某一属性 a 其正域发生变化，即

$$POS_{(A-\{a\})}(d) \neq POS_A(d) \tag{7-5}$$

则说明属性 a 是核属性。因为，决策属性 d 的 A 相对正域是 U 中所有根据分类 U/A 的信息可以准确地划分到$\{d\}$的等价类中去的对象的集合。当去掉某一属性 a 后，决策属性 d 的 $A-\{a\}$ 相对正域发生变化，也就是说明 a 在 A 中是必要的，即属性 a 是核属性。反之，

$$POS_{(A-\{a\})}(d) = POS_A(d) \tag{7-6}$$

则说明属性 a 不是核属性。

算法描述如下：

输入：决策表系统 $S=(U, V, f, A\cup\{d\})$

输出：属性约简 *RED*

(1) Core (A) $=\varnothing$;

(2) For each $a\in A$

计算相对正 $POS_{(A-\{a\})}(d)$

If ($POS_{(A-\{a\})}(d) \neq POS_A(d)$)

Core (A) = Core (A) + {a};

End if

End for

(3) RED = Core (A);

(4) 计算约简集的依赖度 $k_R(d)$;

(5) 如果 $k_R(d)=\varepsilon$，那么下转（10），否则转向（6）;

(6) 对于每一个 $a\in A-RED$，计算属性重要性 SIG (a, R, d);

(7) 选择重要性最大的属性 a，$RED=RED\cup\{a\}$;

(8) 计算 *RED* 的依赖度 $k_R(d)$;

(9) 如果 $k_R(d)=\varepsilon$，那么下转（10），否则转向（6）;

(10) 输出约简 *RED*

7.3.5 启发式属性约简算法（五）[10,11]

目前，大多数属性约简算法仅考虑了条件属性对决策属性的依赖度，没有考虑属性间的影响度。当某个属性在可辨识矩阵中出现的频率很高，则认为其重要

性很大。但是，当约简集中的两个属性间的相互影响度很高，也就是说它们在可辨识矩阵的项中同时出现的次数很多，则说明这两个属性对决策属性的分类能力相似，所以在选择属性加入约简集前，应先计算该属性与约简集中属性的影响度，如果约简集中属性对该属性的影响度很高，则认为该属性是冗余属性。

属性加权频率的两个思想：

（1）属性在可辨识矩阵中出现的次数越多，该属性的重要性越大；

（2）可辨识矩阵中的项越短，该项中属性的重要性越大。

基于上述两个思想，可以通过计算属性在可辨识矩阵中出现的频率来定义属性的重要性。因此，可定义属性重要性函数为：

$$SIG(a) = \sum_{i=1}^{n} \mathrm{count}(a_i)/i \tag{7-7}$$

式中，n 为可辨识矩阵中含有属性 a 的所有属性项中最长项的属性个数；i 为含有属性 a 的属性项的长度；count（a_i）为属性 a 在可辨识矩阵长度为 i 的项中出现的次数。

属性影响度的思想：两个属性在可辨识矩阵的项中同时出现的次数越多，说明两个属性的影响度越大，即这两个属性区分对象的能力相似。因此，定义属性 a 相对于约简集中属性的影响度函数为：

$$IMP(a) = \frac{\mathrm{count}(RED \cap a)}{\mathrm{count}(a)} \tag{7-8}$$

式中，count（a）为属性 a 在可辨识矩阵中出现的项的个数；count（$RED \cap a$）为属性 a 与约简集中属性同时出现的项的个数。

该算法的主要思想：根据可辨识矩阵求出属性的核，以属性的核为出发点，根据属性的加权频率定义属性的重要度，选择重要度大的属性 a，在将属性 a 加入约简集前先计算约简集中属性对属性 a 的影响度，如果影响度小于 ρ（一般情况下，$\rho=0.5$），则将属性 a 加入约简集，否则认为属性 a 为冗余属性，也就是说约简集中属性对属性 a 的影响度越高，而属性 a 的独立性越低，即属性 a 独立区分样本的能力越差。所以，此属性不应加入约简集。重复上述过程，依次选择重要度大的属性进行判断，直到所得约简集与原信息表的依赖度一致为止。说明：在求可辨识矩阵的同时计算属性的加权频度信息，可以减少计算时间。

算法描述如下：

输入：决策系统 $IS=(U, C \cup D)$，其中，U 为对象集合，C 为条件属性集合，D 为决策属性集合

输出：条件属性集 C 的约简集 RED

步骤：

（1）Core（A）$=\varnothing$；

（2）M = DisMat（S）；//生成可辨识矩阵 M

```
{for (i=0; i<n; i++)
for (j=i+1; j<n; j++)
for (k=1; k<=|c|; k++)
if ((C_k (X_i) ≠C_k (X_j)) &&D (X_i) ≠D (X_j))
m_ij = m_ij ∪ {c_k};}
(3) Core = GeneCore (M, count); //由可辨识矩阵求属性的核 Core
{for (i=0; i<n; i++)
for (j=i+1; j<n; j++)
if (|m_ij| ==1)
C_0 = C_0 ∪ m_ij;}
```

(4) 根据公式 $SIG(a) = \sum_{i=1}^{n} count(a_i) / i$ 计算每个属性的重要性;

```
(5) while (γ (Red, D) ≠γ (Red, C))
{selecr (a) = max (SIG (ai));
```

$\rho = IMP(a) = \frac{count(RED \cap a)}{count(a)}$;

```
If (ρ<0.5)
RED = RED ∪ {a}
Else
C = C - {a};}
```

(6) 输出属性约简集 RED

参考文献

[1] 胡可云, 陆玉昌, 石纯一. 粗糙集理论及其应用进展 [J]. J Tsinghua Univ (Sci & Tech), 2001, 41: 1.

[2] 李明祥. 基于粗糙集理论的数据挖掘方法的研究 [D]. 青岛: 山东科技大学, 2003.

[3] 崔广才. 基于粗糙集的数据挖掘方法研究 [D]. 长春: 吉林大学, 2004.

[4] 李雄飞, 谢忠时, 李晓堂, 等. 基于粗集理论的约简算法 [J]. 吉林大学学报 (工学版), 2003, 31: 1.

[5] 夏春艳. 基于粗集属性约简的数据挖掘技术的研究与应用 [D]. 长春: 长春理工大学, 2004.

[6] 李树平, 夏春艳. 基于粗糙集的启发式约简算法 [J]. 微计算机信息, 2009, 9 (01): 181 ~ 182.

[7] 夏春艳, 宋志超, 张伟. 数据挖掘技术在农作物灾害预测中的应用 [J]. 安徽农业科学, 2011, 3 (08): 5038 ~ 5040.

[8] 夏春艳, 李树平, 宋志超. 数据挖掘技术在医学诊断中的应用 [J]. 牡丹江师范学院, 2011, 1 (01): 4 ~ 6.

[9] 夏春艳，李树平，刘世勇．基于粗糙集的属性约简算法［J］．微计算机信息，2009，9（01）：212～213.

[10] 夏春艳，冯宪彬，罗美淑，等．粗糙集理论在农业中的应用［J］．安徽农业科学，2011，10（30）：18391～18392.

[11] 夏春艳，李树平，宋志超．基于粗糙集理论属性约简的改进算法［J］．微计算机信息，2010，12（03）：282～283.

8　数据挖掘的应用

数据挖掘是一门具有广泛应用的新兴学科，在各领域的应用非常广泛，只要该产业拥有具分析价值和需求的数据仓储或数据库，均可利用挖掘工具进行有目的的挖掘分析。本章主要介绍数据挖掘应用的方法以及在特定领域的应用。

8.1　数据挖掘的应用举例

本例应用基于加权平均的属性约简的双向选择算法，即第7.3.1节启发式属性约简算法（一）。通过汽车数据库的具体实例分析，验证该属性约简算法具有较好的完整性和较高的效率，并且能够得到正确的约简集；另外，对所得的约简集，应用决策规则算法，进而得到具体的决策规则。从而证明，该算法是可行的。

8.1.1　属性约简

例8-1　表8-1是一组汽车数据[1]，分析汽车行驶里程价格与其他9个因素之间的关系。将表8-1看作一个信息系统，有论域$U=\{1, 2, 3, \cdots, 21\}$；条件属性集合$C=\{$车型，汽缸，涡轮机，燃料，位移，压缩率，功率，挂挡，重量$\}$，C的域分别是$V_{车型}=\{$小型，微型$\}$，$V_{汽缸}=\{4, 6\}$，$V_{涡轮机}=\{Y, N\}$，$V_{燃料}=\{EFI, 2-BBL\}$，$V_{位移}=\{$中等，小$\}$，$V_{压缩率}=\{$高，中$\}$，$V_{功率}=\{$高，中等，低$\}$，$V_{挂挡}=\{$自动，手动$\}$，$V_{重量}=\{$重，中等，轻$\}$；决策属性集合$D=\{$里程$\}$，它的域是$V_{里程}=\{$高，中等，低$\}$。

表8-1　汽车数据库

序号	车型	汽缸	涡轮机	燃料	位移	压缩率	功率	挂挡	重量	里程
1	小型	6	*Y*	EFI	中等	高	高	自动	中等	中等
2	小型	6	*N*	EFI	中等	中	高	手动	中等	中等
3	小型	6	*N*	EFI	中等	高	高	手动	中等	中等
4	小型	4	*Y*	EFI	中等	高	高	手动	轻	高
5	小型	6	*N*	EFI	中等	中	中等	手动	中等	中等
6	小型	6	*N*	2-BBL	中等	中	中等	自动	重	低
7	小型	6	*N*	EFI	中等	中	高	手动	重	低

续表 8－1

序号	车型	汽缸	涡轮机	燃料	位移	压缩率	功率	挂挡	重量	里程
8	微型	4	*N*	2－BBL	小	高	低	手动	轻	高
9	小型	4	*N*	2－BBL	小	高	低	手动	中等	中等
10	小型	4	*N*	2－BBL	小	高	中等	自动	中等	中等
11	微型	4	*N*	EFI	小	高	低	手动	中等	高
12	微型	4	*N*	EFI	中等	中	中等	手动	中等	高
13	小型	4	*N*	2－BBL	中等	中	中等	手动	中等	中等
14	微型	4	*Y*	EFI	小	高	高	手动	中等	高
15	微型	4	*N*	2－BBL	小	中	低	手动	中等	高
16	小型	4	*Y*	EFI	中等	中	高	手动	中等	中等
17	小型	6	*N*	EFI	中等	中	高	自动	中等	中等
18	小型	4	*N*	EFI	中等	中	高	自动	中等	中等
19	微型	4	*N*	EFI	小	高	中等	手动	中等	高
20	小型	4	*N*	EFI	小	高	中等	手动	中等	中等
21	小型	4	*N*	2－BBL	小	高	中等	手动	中等	中等

对于表 8－1 中的汽车数据库，设 a：车型；b：汽缸；c：涡轮机；d：燃料；e：位移；f：压缩率；g：功率；h：挂挡；i：重量。首先根据区分矩阵的生成公式生成汽车数据库决策表的区分矩阵，见表 8－2（a）、表 8－2（b）和表 8－2（c），同时计算属性在区分矩阵中的出现频率，见表 8－3。

表 8－2（a） 汽车数据库决策表的区分矩阵

	1	2	3	4	5	6	7
1	—						
2	—	—					
3	—	—	—				
4	*bhi*	*bci*	*bci*	—			
5	—	—	—	*bcfgi*	—		
6	*cdfgi*	*dghi*	*dfghi*	*bcdfghi*	*dhi*	—	
7	*cfhi*	*i*	*fi*	*bcfi*	*gi*	—	—
8	*abcdeghi*	*abdefgi*	*abdegi*	—	*abdefgi*	*abefghi*	*abdefgi*
9	—	—	—	*cdegi*	—	*befghi*	*bdefgi*
10	—	—	—	*cdeghi*	—	*befi*	*bdefghi*

续表 8－2（a）

	1	2	3	4	5	6	7
11	*abcegh*	*abefg*	*abeg*	—	*abefg*	*abdefghi*	*abefgi*
12	*abcfgh*	*abg*	*abfg*	—	*ab*	*abdhi*	*abgi*
13	—	—	—	*cdfgi*	—	*bhi*	*bdgi*
14	*abch*	*abcef*	*abce*	—	*abcefg*	*abcdefghi*	*abcegi*
15	*abcdefgh*	*abdeg*	*abdefg*	—	*abdeg*	*abeghi*	*abdegi*
16	—	—	—	*fi*	—	*bcdghi*	*bci*
17	—	—	—	*bcfhi*	—	*dgi*	*hi*
18	—	—	—	*cfhi*	—	*bdgi*	*bhi*
19	*abcegh*	*abefg*	*abeg*	—	*abef*	*abdefhi*	*abefgi*
20	—	—	—	*egi*	—	*bdefhi*	*befgi*
21	—	—	—	*degi*	—	*bdfhi*	*bdefgi*

表 8－2（b） 汽车数据库决策表的区分矩阵

	8	9	10	11	12	13	14
8	—						
9	*ai*	—					
10	*aghi*	—	—				
11	—	*ad*	*adgh*	—			
12	—	*adefg*	*adefg*	—	—		
13	*aefgi*	—	—	*adefg*	*ad*	—	
14	—	*acdg*	*acdgh*	—	—	*acdefg*	—
15	—	*af*	*afgh*	—	—	*aeg*	—
16	*acdefgi*	—	—	*acefg*	*acg*	—	*aef*
17	*abdefghi*	—	—	*abefgh*	*abgh*	—	*abcefh*
18	*adefghi*	—	—	*aefgh*	*agh*	—	*acefh*
19	—	*adg*	*adh*	—	—	*adef*	—
20	*adgi*	—	—	*ag*	*aef*	—	*acg*
21	*agi*	—	—	*adg*	*adef*	—	*acdg*

表 8-2（c） 汽车数据库决策表的区分矩阵

	15	16	17	18	19	20	21
15	—						
16	*acdeg*	—					
17	*abdegh*	—	—				
18	*adegh*	—	—	—			
19	—	*aefg*	*abefgh*	*aefgh*	—		
20	*adfg*	—	—	—	*a*	—	
21	*afg*	—	—	—	*ad*	—	—

表 8-3 属性在区分矩阵中的出现频率

a	*b*	*c*	*d*	*e*	*f*	*g*	*h*	*i*
84	63	36	56	64	62	85	45	62

在计算完区分矩阵 $M(C, D)$ 之后，可求属性的核 $Core(C, D)$。在相对约简中，核即为所有约简的交，$Core(C, D) = \cap RED(C, D)$。核是不可缺少的属性。由此可见，在区分矩阵的元素中只包含一个属性的即为核，即若 $|m_{ij}| = 1$，则此属性为核，则 $Core(C, D) = \{m_{ij};\ |m_{ij}| = 1, m_{ij} \in M(C, D)\}$，记 $C_0 = Core(C, D)$，由此求出核。核也可能为空集（在区分矩阵中无仅含 1 个属性的元素时）。本例中，根据区分矩阵求得条件属性集的核 $Core = \{a, i\}$，即决策表的核为｛车型，重量｝，核中元素的个数为 2。

在求得属性的核之后，根据式（6-15）、式（6-21）、式（7-2）、式（7-3）求属性的重要性。SGF1：基于属性依赖性的重要度；SGF2：基于信息熵的重要度；SGF：基于加权平均的重要度。这里 $r = 0.8$。根据汽车数据库决策表可以得到以下决策子表，其中，表 8-4（a）～表 8-4（i）分别代表各个属性的子表。

表 8-4（a） 决策表

	a = 小型	a = 微型	Σ
D = 中等	12/21	0	12/21
D = 高	1/21	6/21	7/21
D = 低	2/21	0	2/21
Σ	15/21	6/21	21/21

$SGF1(a, R, D) = 6/21 - 0 = 0.2857$

$SGF2(a,R,D) = (12/21)\log_2(21/12) + (7/21)\log_2(21/7) + (2/21)\log_2(21/2) - (15/21)$

$[(12/15)\log_2(15/12)+(1/15)\log_2 15+(2/15)\log_2(15/2)]=0.6659$

$FSGF2=1-0.6659/4.3923=0.8484$

$SGF(a, R, D)=0.9\times 0.2857+(1-0.9)\times 0.8484=0.34197$

表 8－4（b） 决策表

	$b=6$	$b=4$	Σ
D＝中等	5/21	7/21	12/21
D＝高	0	7/21	7/21
D＝低	2/21	0	2/21
Σ	7/21	14/21	21/21

$SGF1(b, R, D)=0$

$SGF2(b,R,D)=(12/21)\log_2(21/12)+(7/21)\log_2(21/7)+(2/21)\log_2(21/2)-(7/21)[(5/7)\log_2(7/5)+(2/7)\log_2(7/2)]-(14/21)[(7/14)\log_2 2+(7/14)\log_2 2]=0.3584$

$FSGF2=1-0.3584/4.3923=0.9184$

$SGF(b, R, D)=(1-0.9)\times 0.9184=0.09184$

表 8－4（c） 决策表

	$c=Y$	$c=N$	Σ
D＝中等	2/21	10/21	12/21
D＝高	2/21	5/21	7/21
D＝低	0	2/21	2/21
Σ	4/21	17/21	21/21

$SGF1(c, R, D)=0$

$SGF2(c,R,D)=(12/21)\log_2(21/12)+(7/21)\log_2(21/7)+(2/21)\log_2(21/2)-(4/21)[(2/4)\log_2 2+(2/4)\log_2 2]-(17/21)[(10/17)\log_2(17/10)+(5/17)\log_2(17/5)+(2/17)\log_2(17/2)]=0.0433$

$FSGF2=1-0.0433/4.3923=0.9901$

$SGF(c, R, D)=(1-0.9)\times 0.9901=0.09901$

表 8－4（d） 决策表

	d＝EFI	d＝2－BBL	Σ
D＝中等	8/21	4/21	12/21
D＝高	5/21	2/21	7/21
D＝低	1/21	1/21	2/21
Σ	14/21	7/21	21/21

$SGF1(d, R, D)=0$

$SGF2(d,R,D)=(12/21)\log_2(21/12)+(7/21)\log_2(21/7)+(2/21)\log_2(21/2)-(14/21)[(8/14)\log_2(14/8)+(5/14)\log_2(14/5)+(1/14)\log_2 14]-(7/21)[(4/7)\log_2(7/4)+(2/7)\log_2(7/2)+(1/7)\log_2 7]=0.0106$

$FSGF2=1-0.0106/4.3923=0.9976$

$SGF(d, R, D)=(1-0.9)\times 0.9976=0.09976$

表 8-4（e） 决策表

	e = 中等	e = 小	Σ
D = 中等	8/21	4/21	12/21
D = 高	2/21	5/21	7/21
D = 低	2/21	0	2/21
Σ	12/21	9/21	21/21

$SGF1(e, R, D)=0$

$SGF2(e,R,D)=(12/21)\log_2(21/12)+(7/21)\log_2(21/7)+(2/21)\log_2(21/2)-(12/21)[(8/12)\log_2(12/8)+(2/12)\log_2(12/2)+(2/12)\log_2(12/2)]-(9/21)[(4/9)\log_2(9/4)+(5/9)\log_2(9/5)]=0.1728$

$FSGF2=1-0.1782/4.3923=0.9594$

$SGF(e, R, D)=(1-0.9)\times 0.9594=0.09594$

表 8-4（f） 决策表

	f = 高	f = 中	Σ
D = 中等	6/21	6/21	12/21
D = 高	5/21	2/21	7/21
D = 低	0	2/21	2/21
Σ	11/21	10/21	21/21

$SGF1(f, R, D)=0$

$SGF2(f,R,D)=(12/21)\log_2(21/12)+(7/21)\log_2(21/7)+(2/21)\log_2(21/2)-(11/21)[(6/11)\log_2(11/6)+(5/11)\log_2(11/5)]-(10/21)[(6/10)\log_2(10/6)+(2/10)\log_2(10/2)+(2/10)\log_2(10/2)]=0.1392$

$FSGF2=1-0.1392/4.3923=0.9683$

$SGF(f,R,D)=(1-0.9)\times 0.9683=0.09683$

表 8-4（g） 决策表

	g = 高	g = 中等	g = 低	Σ
D = 中等	6/21	5/21	1/21	12/21
D = 高	2/21	2/21	3/21	7/21
D = 低	1/21	0	1/21	2/21
Σ	9/21	7/21	5/21	21/21

SGF1(g, R, D) = 0

SGF2(g,R,D) = $(12/21)\log_2(21/12) + (7/21)\log_2(21/7) + (2/21)\log_2(21/2) - (9/21)[(6/9)\log_2(9/6) + (2/9)\log_2(9/2) + (1/9)\log_2 9] - (7/21)[(5/7)\log_2(7/5) + (2/7)\log_2(7/2)] - (5/21)[(1/5)\log_2 5 + (3/5)\log_2(5/3) + (1/5)\log_2 5] = 0.1712$

FSGF2 = $1 - 0.1712/4.3923 = 0.9610$

SGF(g, R, D) = $(1 - 0.9) \times 0.9610 = 0.09610$

表 8-4（h） 决策表

	h = 自动	h = 手动	Σ
D = 中等	4/21	8/21	12/21
D = 高	0	7/21	7/21
D = 低	1/21	1/21	2/21
Σ	5/21	16/21	21/21

SGF1(h, R, D) = 0

SGF2(h,R,D) = $(12/21)\log_2(21/12) + (7/21)\log_2(21/7) + (2/21)\log_2(21/2) - (5/21)[(4/5)\log_2(5/4) + (1/5)\log_2 5] - (16/21)[(8/16)\log_2 2 + (7/16)\log_2(16/7) + (1/16)\log_2 16] = 0.1719$

FSGF2 = $1 - 0.1719/4.3923 = 0.9609$

SGF(h, R, D) = $(1 - 0.9) \times 0.9609 = 0.09609$

表 8-4（i） 决策表

	i = 中等	i = 重	i = 轻	Σ
D = 中等	12/21	0	0	12/21
D = 高	5/21	0	2/21	7/21
D = 低	0	2/21	0	2/21
Σ	17/21	2/21	2/21	21/21

SGF1(i, R, D) = $4/21 = 0.1905$

SGF2(i,R,D) = $(12/21)\log_2(21/12) + (7/21)\log_2(21/7) + (2/21)\log_2(21/2) - (17/21)[(12/17)\log_2(17/12) + (5/17)\log_2(17/5)] = 0.6052$

FSGF2 = $1 - 0.6052/4.3923 = 0.8622$

SGF(i, R, D) = $0.9 \times 0.1905 + (1 - 0.9) \times 0.8622 = 0.25767$

根据以上所求得的数据，可以按照基于加权平均的属性重要度（SGF）的大小对各个属性进行排序，把重要度最大的属性逐个加入属性的约简集中，并且计算属性约简集的依赖度，从而得到向前选择约简过程的约简集｛重量，车型，燃料，涡轮机｝。如果用户所设定的约简集中属性的最多个数 $N<4$，那么则采用向后选择约简过程，根据约简集中属性的出现频度，逐渐删除约简中的属性，直到

满足用户的要求为止。这里假设 $N=3$，则可以得到最后的约简集｛重量，车型，燃料｝。

8.1.2 分类规则

例 8-2 上节中用本书提出的约简算法已经得到属性的约简集｛重量，车型，燃料｝，本节中将用本书中的分类规则方法得出汽车数据库的分类规则。首先根据得到的属性约简集删除冗余属性，得到汽车数据库的约简信息表，见表 8-5。

表 8-5 汽车数据库的约简信息表

	车型	燃料	重量	里程
1	小型	EFI	中等	中等
2	小型	EFI	中等	中等
3	小型	EFI	中等	中等
4	小型	EFI	轻	高
5	小型	EFI	中等	中等
6	小型	2-BBL	重	低
7	小型	EFI	重	低
8	微型	2-BBL	轻	高
9	小型	2-BBL	中等	中等
10	小型	2-BBL	中等	中等
11	微型	EFI	中等	高
12	微型	EFI	中等	高
13	小型	2-BBL	中等	中等
14	微型	EFI	中等	高
15	微型	2-BBL	中等	高
16	小型	EFI	中等	中等
17	小型	EFI	中等	中等
18	小型	EFI	中等	中等
19	微型	EFI	中等	高
20	小型	EFI	中等	中等
21	小型	2-BBL	中等	中等

该信息表中有重复实例，所以首先要删除信息表中的重复实例，得到汽车数据库的简化约简信息表，见表 8-6。

表 8－6 汽车数据库的简化约简信息表

车型	燃料	重量	里程	实例
小型	EFI	中等	中等	8
小型	2－BBL	中等	中等	4
微型	EFI	中等	高	4
微型	2－BBL	中等	高	1
微型	2－BBL	轻	高	1
小型	EFI	轻	高	1
小型	2－BBL	重	低	1
小型	EFI	重	低	1

对上面得到的结果，进一步应用面向属性的分类规则算法，得到决策规则的结果，见表 8－7。

表 8－7 决策规则算法的结果

车型	燃料	重量	里程
小型	EFI	中等	中等
微型	EFI	中等	高
小型	2－BBL	重	低
小型	EFI	重	低

于是，可以推出决策规则如下：

车型＝小型∧燃料＝EFI∧重量＝中等→里程＝中等；

车型＝微型∧燃料＝EFI∧重量＝中等→里程＝高；

车型＝小型∧燃料＝2－BBL∧重量＝重→里程＝低；

车型＝小型∧燃料＝EFI∧重量＝重→里程＝低。

对上述决策规则进行简化，得到最后的规则：

车型＝小型∧燃料＝EFI∧重量＝中等→里程＝中等；

车型＝微型∧燃料＝EFI∧重量＝中等→里程＝高；

车型＝小型∧重量＝重→里程＝低。

8.2 数据挖掘在农业中的应用

我国是一个农业大国，农业领域的数据库中含有海量的数据信息，其中包括大量粗糙的、模糊的、不完整的、冗余的信息。由于农业自身的一些特点，如土壤类型繁多，作物品种复杂，病虫害发生频繁且症状不断变化，以及气候因素的影响，就使得关于它们的数据库具有大型、多维、动态、不确定等特征[2]。导致人们“淹没在数据的海洋中，数据丰富，知识贫乏”，所以需要一种方法从大量数据中找出隐藏的规律，制定正确的农业策略，使农业生产持续、高效、协调发展[3]。如何有效地从这些大量的数据中寻找各种因素的相互关系，挖掘出有用的、而被人们忽视的知识信息，来指导农业生产的规律，是关系到国计民生的大事。这对于推动农业生产，实现优质、高产农业，获得巨大的经济效益与社会效益是十分必要的。农业生产是一个复杂开放的体系，需要来自多方面知识的综合，组织农业专家、信息学家、经济学家等多学科专家进行综合研究与开发，对我国的农业生产水平的提高具有重要意义[4]。数据挖掘的目的就是发现数据中存在的关系和规则，挖掘出数据背后隐藏的知识，根据现有的数据预测未来的发展趋势，是一种处理海量数据的技术。数据挖掘这种致力于数据分析和理解，揭示数据内容隐藏知识的技术，自然成为信息技术一个新的研究热点，对推动我国农业现代化的发展具有重要意义[5]。

近年来，随着信息化的不断深入，积累的农业数据呈现出海量、高维、异构等特征，传统的数据挖掘技术已不能满足新的客观需求。而粮食安全又关系到我国社会稳定与经济发展的大局，是决定我国社会能否和谐发展的重要物质基础。因此，将生物技术、信息技术等新方法与农业科学常规方法相结合，是农业科学的研究手段日益更新和完善的迫切需求，将最新数据分析和处理技术应用于农作物种植领域，对提高农作物产量具有极大帮助。

目前，国内的数据挖掘技术主要应用在商业、金融及 Web 等领域，而作为现代化生产主力的农业部门应用却不多，只在农作物病虫害预测以及气象预测等方面有一些系统的应用，其他领域只有少数零散的应用。可以说，数据挖掘技术在我国农业生产领域还有很大的发展潜力。

8.2.1 农作物灾害预测实例[6]

表 8-8 是以农作物灾害的影响数据构建的决策表，表 8-9 给出了决策表的传统区分矩阵，表 8-10 给出了决策表的简化区分矩阵。通过这个实例对第 7.3.3 节启发式属性约简算法（三）进行分析。其中，C 为条件属性集，$C=$ {降水量，相对湿度，雨日，相对湿度超过 85% 且平均气温大于 20℃ 的天数，病害率}，决策属性 D 为病害级别，令 $C_1=$ 降水量，$C_2=$ 相对湿度，$C_3=$ 雨日，$C_4=$ 相对湿度超过 85% 且平均气温大于 20℃ 的天数，$C_5=$ 病害率。

表 8-8 决策表

U	C					D
	C_1	C_2	C_3	C_4	C_5	
$u1$	3	3	2	3	2	2

续表 8-8

U	C					D
	C_1	C_2	C_3	C_4	C_5	
$u2$	3	3	2	3	3	3
$u3$	1	3	2	2	1	1
$u4$	1	3	1	1	1	1
$u5$	2	3	2	1	1	1
$u6$	1	3	2	2	1	1

表 8-9 传统区分矩阵

U	1	2	3	4	5	6
1	∅					
2	C_5	∅				
3	$C_1C_4C_5$	$C_1C_4C_5$	∅			
4	$C_1C_3C_4C_5$	$C_1C_3C_4C_5$	C_3C_4	∅		
5	$C_1C_4C_5$	$C_1C_4C_5$	C_1C_4	C_1C_3	∅	
6	$C_1C_4C_5$	$C_1C_4C_5$	∅	C_3C_4	C_1C_4	∅

表 8-10 简化区分矩阵

U	1	2	3	4	5	6
1	∅					
2	C_5	∅				
3	∅	∅	∅			
4	∅	∅	C_3C_4	∅		
5	∅	∅	C_1C_4	C_1C_3	∅	
6	∅	∅	∅	C_3C_4	C_1C_4	∅

根据简化区分矩阵，可以得出属性的核集为 $\{C_5\}$，即初始约简集 $RED = \{C_5\}$。同时，根据简化区分矩阵可以一目了然其余属性的频率。根据属性频率及属性依赖度，得到最后的约简集为 $\{C_1C_5\}$、$\{C_3C_5\}$ 和 $\{C_4C_5\}$，即通过农作物的｛降水量，病害率｝、｛雨日，病害率｝或｛相对湿度超过85%且平均气温大于20℃的天数、病害率｝可以推出此农作物的病害级别为重，也就是说造成农作物较严重的病害影响因素是病害率、降水量、雨日和相对湿度超过85%且平均气温大于20℃的天数。表8-9与表8-10的比较，可以看出简化区分矩阵较传统区分矩阵在空间和时间上都降低了复杂度，可以说明本算法是可行的、有

效的，而且整体性能优于文献［7］算法。随着数据量的增大，本算法能更大幅度的降低空间及时间复杂度。

8.2.2 农作物病害预测实例（一）[8]

农业生产中与病害相关的病症特征属性构建的病害决策表，见表 8－11。通过这个实例对第 7.3.4 节启发式属性约简算法（四）进行分析。其中，C 为条件属性集，$C=\{$发病部位，病部形状，病部颜色，症状描述$\}$，决策属性 D 为病害级别，令 $C_1=$发病部位，$C_2=$病部形状，$C_3=$病部颜色，$C_4=$症状描述。

表 8－11 病害决策表

U	发病部位（C_1）	病部形状（C_2）	病部颜色（C_3）	症状描述（C_4）	病害级别（D）
1	1	1	1	2	2
2	1	1	1	1	2
3	2	1	1	2	1
4	3	2	1	2	1
5	3	3	2	2	1
6	3	3	2	1	2
7	2	3	2	1	1
8	1	3	1	2	2
9	1	3	2	2	1
10	3	2	2	2	1
11	1	2	2	1	1
12	2	2	1	1	1
13	2	1	2	2	1
14	3	2	1	1	2

计算相对正域，求出属性的核：$POS_{(A-\{C_1\})}(d)\neq POS_A(d)$，$POS_{(A-\{C_2\})}(d)=POS_A(d)$，$POS_{(A-\{C_3\})}(d)=POS_A(d)$，$POS_{(A-\{C_4\})}(d)\neq POS_A(d)$，所以 $R=\{C_1,C_4\}$ 即｛发病部位，症状描述｝是属性核。

$U/R=\{\{1,8,9\},\{2,11\},\{3,13\},\{7,12\},\{4,5,10\},\{6,14\}\}$；

$U/R\cup\{C_2\}=\{\{3,13\},\{4,10\},\{1\},\{2\},\{5\},\{6\},\{7\},\{8,9\},\{11\},\{12\},\{14\}\}$；

$U/\{d\}=\{Y_1,Y_2\},Y_1=\{1,2,6,8,14\},Y_2=\{3,4,5,7,9,10,11,12,13\}$；

$k_R(d)=3/14,k_{R\cup\{C_2\}}(d)=11/14,SIG(C_2,R,d)=8/14$。

$U/R\cup\{C_3\}=\{\{1,8\},\{2\},\{3\},\{4\},\{5,10\},\{6\},\{7\},\{9\},\{11\},\{12\},\{13\},\{14\}\}$；

$k_R(d) = 3/14, k_{R\cup\{C_3\}}(d) = 12/14$，$SIG(C_2,R,d) = 9/14$。

在 C_2 和 C_3 中 C_3 的重要性大，所以选取 C_3 加入约简集中，即 $RED = \{C_1, C_3, C_4\}$。假设依赖度阈值 $\varepsilon = 0.85$，则满足终止条件，即最后的属性约简集为 $RED = \{$发病部位，病部颜色，症状描述$\}$。也就是说，造成农业生产中病害级别较重的因素是发病部位、病部颜色和症状描述。

8.2.3 农作物病害预测实例（二）[9]

表 8-12 是以农作物灾害的影响数据构建的决策表，通过这个实例对第 7.3.5 节启发式属性约简算法（五）进行分析。其中，C 为条件属性集，$C = \{$症状描述，病部形状，发病部位，病害率，发病时间，病部颜色，相对湿度，雨日，降水量$\}$，决策属性 D 为病害级别，令 a = 症状描述，b = 病部形状，c = 发病部位，d = 病害率，e = 发病时间，f = 病部颜色，g = 相对湿度，h = 雨日，i = 降水量。

表 8-12 病害决策表

Obj#	a	b	c	d	e	f	g	h	i	D
$u1$	-1	-1	-1	0	-1	0	0	0	0	1
$u2$	-1	0	0	0	-1	-1	0	0	0	2
$u3$	0	-1	-1	0	-1	0	0	0	0	1
$u4$	0	0	-1	0	-1	0	1	0	0	4
$u5$	-1	0	0	0	-1	0	0	-1	0	5
$u6$	0	0	0	0	-1	0	0	0	0	3
$u7$	0	0	0	1	-1	0	0	0	0	6
$u8$	0	-1	0	0	-1	0	0	-1	0	1

计算该决策表的区分矩阵，见表 8-13。同时计算属性在可辨识矩阵中的加权频率。

表 8-13 区分矩阵

	1	2	3	4	5	6	7	8
1	0							
2	bcf	0						
3	a	$abcf$	0					
4	abg	$acfg$	bg	0				
5	bch	fh	$abch$	$acgh$	0			
6	abc	af	bc	cg	ah	0		
7	$abcd$	adf	bcd	cdg	adh	d	0	
8	ach	$abfh$	ch	$bcgh$	ab	bh	bdh	0

根据区分矩阵，可以得出属性的核集为 $\{a, d\}$，即初始约简集 $RED = \{a, d\}$。同时，根据区分矩阵求出其余属性的加权频率：

b：$\frac{4}{2}+\frac{6}{3}+\frac{5}{4}=4.25$，$c$：$\frac{3}{2}+\frac{6}{3}+\frac{6}{4}=5$，$e=0$，$f$：$\frac{2}{2}+\frac{2}{3}+\frac{3}{4}=2.42$，$g$：$\frac{2}{2}+\frac{2}{3}+\frac{3}{4}=2.42$，$h$：$\frac{4}{2}+\frac{4}{3}+\frac{4}{4}=4.33$，$i=0$。

选择重要性最大的属性 c，计算约简集中属性对属性 c 的影响度。约简集中属性 a 和 d 对属性 c 的影响度分别为 $\rho_1=0.467$，$\rho_2=0.1333$。因为 $\max(\rho) < 0.5$，所以将属性 c 加入约简集。

同理，计算约简集中属性对属性 h、b、f、g 的影响度，得到的约简集为 $RED = \{a,c,d,h\}$，即造成农业生产中病害级别较重的因素是症状描述、发病部位、病害率和雨日。

8.2.4 农作物种植实例[10]

根据数据挖掘过程的步骤，将粗糙集理论应用于农作物种植过程中。

8.2.4.1 确定业务对象

影响农作物种植的自然因素：土壤、气候、光照、热量和水分。

8.2.4.2 数据准备

将影响农作物种植的自然因素的原始数据进行离散化处理，简化数据表，得到农业数据决策表，见表 8-14。C 为条件属性集，$C = \{c_1, c_2, c_3, c_4, c_5\}$，$D$ 为决策属性集，$D = \{d\}$。其中，c_1 = 土壤，c_2 = 气候，c_3 = 光照，c_4 = 热量，c_5 = 水分，d = 产量。

表 8-14 农业数据决策表

U	c_1	c_2	c_3	c_4	c_5	d
1	1	1	1	1	1	2
2	-1	-1	-1	-1	1	1
3	1	-1	-1	1	-1	1
4	-1	1	1	1	-1	1
5	-1	-1	1	-1	1	2
6	1	-1	-1	-1	1	2
7	1	-1	-1	1	1	2
8	1	1	-1	-1	-1	1

8.2.4.3 数据挖掘

农业数据表经过数据预处理后，仍有大量的冗余数据。因此，必须进行属性约简。本书采用基于粗糙集理论的属性相关度约简算法，求农业数据决策表的约简集。农业数据决策表的区分矩阵见表 8 – 15。

表 8 – 15　决策表的区分矩阵

U	1	2	3	4	5	6	7	8
1	∅							
2	$C_1C_2C_3C_4$	∅						
3	$C_2C_3C_5$	∅	∅					
4	C_1C_5	∅	∅	∅				
5	∅	C_3	$C_1C_3C_4C_5$	$C_2C_4C_5$	∅			
6	∅	C_1	C_4C_5	$C_1C_2C_3C_4C_5$	∅	∅		
7	∅	C_1C_4	C_5	$C_1C_2C_3C_5$	∅	∅	∅	
8	$C_3C_4C_5$	∅	∅	∅	$C_1C_2C_3C_4$	C_2C_4	$C_2C_4C_5$	∅

根据区分矩阵，可以得出属性的核集 $RED=\{C_1C_3C_5\}$。根据属性重要性及相关度，得到最后的约简集为 $\{C_1C_2C_3C_5\}$ 和 $\{C_1C_3C_4C_5\}$，即通过农作物种植的｛土壤，气候，光照，水分｝或｛土壤，光照，热量，水分｝可以推测出农作物的产量是高还是低。

8.2.4.4　结果分析

通过计算属性核以及各条件属性相对于决策属性的重要性，可以看出，影响农作物产量的种植因素的重要程度依次为土壤、光照、水分、热量和气候。因此，今后在农作物种植过程中，应采取适当的方法和措施，提高土壤质量，增加光照时间，保证水分充足，调节热量和气候条件，以提高农作物种植产量。

8.2.5　水稻产量预测实例[11]

根据数据挖掘过程的步骤，将数据挖掘算法应用于水稻产量预测中。

8.2.5.1　确定业务对象

水稻是我国的第一大粮食品种，约占粮食作物播种面积的 30%，依靠科技提高单产是实现水稻总产持续增长的主要途径。本实例立足于黑龙江地区水稻生产发展现状，通过调查访谈农户，较全面的掌握水稻生产情况，以调查数据为依据，主要考虑稻田复种、良种应用、施肥水平、晒田控苗以及病虫防治等生产水平对水稻产量的影响数据。

8.2.5.2　数据准备

将水稻生产水平调查数据进行离散化处理，简化数据表，得到水稻生产数据决策表，见表 8 – 16。C 为条件属性集，$C=\{c_1, c_2, c_3, c_4, c_5\}$，$D$ 为决策属性集，$D=\{d\}$。其中，c_1 = 病虫防治，c_2 = 施肥水平，c_3 = 稻田复种，c_4 = 晒田控苗，c_5 = 良种应用，d = 产量。

表 8－16 水稻生产数据决策表

U	c_1	c_2	c_3	c_4	c_5	d
1	2	2	2	2	2	2
2	3	3	3	3	3	3
3	2	2	1	2	2	2
4	3	2	2	3	2	2
5	2	2	3	2	2	2
6	3	2	2	2	2	2
7	2	2	2	2	1	1
…	…	…	…	…	…	…

8.2.5.3 数据挖掘

水稻数据表经过数据预处理后，仍有大量的冗余数据。因此，必须进行属性约简。本例采用基于粗糙集理论的相对正域属性约简算法，求水稻数据决策表的属性核。

其中，$POS_{(A-\{c_1\})}(d)=POS_A(d)$，$POS_{(A-\{c_2\})}(d)=POS_A(d)$，$POS_{(A-\{c_3\})}(d)=POS_A(d)$，$POS_{(A-\{c_4\})}(d)=POS_A(d)$，$POS_{(A-\{c_5\})}(d)\neq POS_A(d)$。所以，$\{c_5=$ 良种应用$\}$是属性核。

求出水稻生产数据表属性核后，根据启发信息计算各条件属性相对于决策属性的重要性。

$SIG(c_1,R,d)=0.29$，$SIG(c_2,R,d)=0.43$，$SIG(c_3,R,d)=0.14$，$SIG(c_4,R,d)=0.29$。

8.2.5.4 结果分析

通过计算属性核以及各条件属性相对于决策属性的重要性，可以得到各生产因素对水稻产量影响的重要程度依次为良种应用、施肥水平、病虫防治和晒苗控苗、稻田复种。

综上所述，今后在水稻种植过程中，应采取适当的方法和措施，选择优质稻种，适当施肥，有效防治病虫害，做好晒苗控苗工作，以提高水稻的产量和品质。

8.3 数据挖掘在教学评价与教学中的应用

随着科学技术的飞速发展，教育信息化的不断推行，教育方式更加灵活多样。越来越多的学校使用现代化的系统平台（如教务管理系统）对教育教学中的相关数据进行管理。例如全校教职工和学生的基本信息、全部课程数据、教师授课安排表、学生成绩和评价教师教学质量的数据等。日积月累，系统数据库中的数据日渐丰富起来，使用传统的数据处理方法已完全不能满足现代教学快速发展的需要了。学校希望能多角度地对这些数据进行更深入的分析、理解和处理，挖掘出蕴含在这些数据背后有价值的信息，并发现更丰富、更实用的知识，提供更多的方法和措施提高学校的教学质量和水平。

8.3.1 数据挖掘在教学评价中的应用[12]

教学评价通常指根据教学目标及原则，依据学校对教师教学的具体要求和学校科学的考核评价标准，充分利用所有可行的教学评价方式及方法，从价值上对教学过程和结果进行有效的判断，进而提升服务于被评价事物某种资格的证明和教学决策的一种活动。教学评价是对教学工作质量所做的测量、分析与评定。教学评价是对教师教学质量的评价，对学生学业成绩的评价。因此，教学评价的有效性显得尤为重要。传统的教学评价中都是通过调查得出的数据进行量化的分析，简单地得出结论，做出判断，形式与内容都显得单一，往往仅限于学生打分、老师评分、学生互评等。然而这样并不能发现数据中深层次的内容，所以，从原始数据中很难找出有关教学质量的一些规律，对提高教师们的教学质量和水平不能起到有效的帮助作用。而数据挖掘作为一种深层次的数据分析方法和能够有效地解决这一问题的新技术，可以对教学质量和水平与各因素之间隐藏的内在联系进行全面透彻的分析。利用数据挖掘技术，可以分析已有的教学评价数据，并对评价数据进行合理的处理，从中发现类似“可能影响教师教学水平的因素”等这样的问题，以及在什么条件下，教师的教学质量和水平是“高”或“不高”，进而帮助改进学校教师的教学方法，提高教学质量和水平，优化学校教学管理。

每学期结束，一般学校都会对任课教师进行教学评价，本节选用了其中一个学期一门计算机课程的评价数据作为挖掘对象。先对数据进行预处理，删除异常数据，提取各项评价数据，汇总见表 8－17。

表 8－17 教师评价数据信息表

教师编号	师德风范（15 分）	教书育人（15 分）	课堂教学（50 分）	教学效果（20 分）	总分
1	14.61	13.85	44.10	18.11	90.67
2	14.81	14.87	47.52	18.96	96.16
3	14.21	13.59	43.45	16.24	87.49
4	13.80	13.74	35.64	16.13	79.31
5	14.55	14.38	42.81	16.42	88.16
6	13.69	13.77	35.55	16.20	79.21

针对以上任课教师，其人事信息汇总见表 8－18。

表 8－18 教师人事信息表

教师姓名	教师编号	性别	年龄	学历	职称
aaa	1	女	29	博士	讲师
bbb	2	男	37	博士	副教授
ccc	3	女	29	本科	讲师
ddd	4	女	26	本科	助教
eee	5	男	30	研究生	讲师
fff	6	男	27	本科	讲师

综合以上两张表进行处理，得到信息决策表，见表 8－19。其中，C 为条件属性集，$C=$｛学历，职称，师德风范与教书育人，课堂教学，教学效果｝，决策属性 D 为评价结果，令 $C_1=$ 学历，$C_2=$ 职称，$C_3=$ 师德风范与教学育人，$C_4=$ 课堂教学，$C_5=$ 教学效果。传统区分矩阵和简化区分矩阵分别见表 8－20 和表 8－21。

表 8－19 信息决策表

U	C					D
	C_1	C_2	C_3	C_4	C_5	
$u1$	3	2	3	3	2	2
$u2$	3	3	3	3	3	3
$u3$	1	2	3	2	1	1
$u4$	1	1	2	1	1	1
$u5$	2	2	3	2	1	1
$u6$	1	2	2	1	1	1

表 8－20 传统区分矩阵

U	1	2	3	4	5	6
1	∅					
2	C_5	∅				
3	$C_1C_4C_5$	$C_1C_4C_5$	∅			
4	$C_1C_3C_4C_5$	$C_1C_3C_4C_5$	C_3C_4	∅		
5	$C_1C_4C_5$	$C_1C_4C_5$	C_1C_4	C_1C_3	∅	
6	$C_1C_4C_5$	$C_1C_4C_5$	∅	C_3C_4	C_1C_4	∅

表 8 – 21 简化区分矩阵

U	1	2	3	4	5	6
1	∅					
2	C_5	∅				
3	∅	∅	∅			
4	∅	∅	C_3C_4	∅		
5	∅	∅	C_1C_4	C_1C_3	∅	
6	∅	∅	∅	C_3C_4	C_1C_4	∅

从以上简化区分矩阵表得出，$\{C_5\}$ 为属性的核集，即初始的约简集 $RED = \{C_5\}$。而且，从简化区分矩阵表看，其余属性的频率也很清晰。依据属性的频率及其依赖度，得到 $\{C_1C_5\}$、$\{C_3C_5\}$、$\{C_4C_5\}$ 为最终的约简集。在评价规则中，属性的重要性依次为：（1）课堂教学；（2）学历、教书育人与师德风范、教学效果；（3）职称。上述结果可以看出本算法是可行的、有效的。同时，从表 8 – 17 和表 8 – 18 对比，可以看出简化区分矩阵在空间和时间上都比传统区分矩阵降低了复杂度，而且，本算法随着数据量的不断增大，能够使空间及时间复杂度更大幅度的降低。

8.3.2 数据挖掘在教学中的应用[13]

根据数据挖掘过程的步骤，将粗糙集理论应用于计算机的教学过程中。

8.3.2.1 确定业务对象

2012 级计算机专业学生基础课程考试，考试题型：一、选择题，分值 20 分；二、填空题，分值 20 分；三、判断题，分值 15 分；四、程序改错题，分值 15 分；五、编程题，分值 30 分。

8.3.2.2 数据准备

全班 28 名学生考试成绩原始数据整理见表 8 – 22。C 为条件属性集，$C = \{c_1, c_2, c_3, c_4, c_5\}$，$D$ 为决策属性集，$D = \{d\}$。其中，c_1 = 选择题，c_2 = 填空题，c_3 = 判断题，c_4 = 程序改错题，c_5 = 编程题，d = 总成绩。

表 8 – 22 原始成绩数据表

U	c_1	c_2	c_3	c_4	c_5	d
1	16	15	12	9	24	76
2	18	17	14	13	26	88
3	15	13	8	12	24	72

续表 8－22

U	c_1	c_2	c_3	c_4	c_5	d
4	14	12	10	10	20	66
5	17	16	12	13	24	82
6	15	12	13	12	25	77
7	19	18	13	14	28	92
8	17	14	9	10	20	70
9	12	12	9	9	16	58
10	13	12	11	12	19	67
⋮	⋮	⋮	⋮	⋮	⋮	⋮
28	16	16	11	10	21	74

将表 8－22 中原始数据进行离散化处理，离散化后简化数据表，得到成绩数据决策表，见表 8－23。离散化处理方法：总成绩按 0～59、60～84、85～100 依次处理为不及格、及格和优秀，相应标记为 1、2、3；各题型分数首先转换成相应的百分制分数，即每个题型的得分乘以 100，再除以该题型分值，然后按总成绩离散化方法，依次标记为 1、2、3。

表 8－23 成绩数据决策表

U	c_1	c_2	c_3	c_4	c_5	d
1	2	2	2	2	2	2
2	3	3	3	3	3	3
3	2	2	1	2	2	2
4	3	2	2	3	2	2
5	2	2	3	2	2	2
6	3	2	2	2	2	2
7	2	2	2	2	1	1
⋮	⋮	⋮	⋮	⋮	⋮	⋮

8.3.2.3 数据挖掘

成绩数据表经过数据预处理后，仍有大量的冗余数据。因此，必须进行属性约简。本例采用基于粗糙集理论的相对正域属性约简算法，求成绩数据决策表的属性核。

其中，$POS_{(A-\{c_1\})}(d) = POS_A(d)$，$POS_{(A-\{c_2\})}(d) = POS_A(d)$，$POS_{(A-\{c_3\})}(d) = POS_A(d)$，$POS_{(A-\{c_4\})}(d) = POS_A(d)$，$POS_{(A-\{c_5\})}(d) \neq POS_A(d)$。所以，$\{c_5 =$ 编

程题} 是属性核。

求出成绩数据表属性核后，根据启发信息计算各条件属性相对于决策属性的重要性。

$U/R = \{\{1,7\},\{2\},\{3\},\{4\},\{5\},\{6\}\}$；

$U/\{d\} = \{Y_1,Y_2,Y_3\}$，$Y_1 = \{7\}$，$Y_2 = \{1,3,4,5,6\}$，$Y_3 = \{2\}$；

$U/R \cup \{c_1\} = \{\{1,6,7\},\{2\},\{3\},\{4\},\{5\}\}$；

$U/R \cup \{c_2\} = \{\{1,7\},\{2\},\{3\},\{4\},\{5\},\{6\}\}$；

$U/R \cup \{c_3\} = \{\{1,3,5,7\},\{2\},\{4\},\{6\}\}$；

$U/R \cup \{c_4\} = \{\{1,7\},\{2\},\{3\},\{5\},\{4,6\}\}$；

$kR(d) = 0.43$，$kR \cup \{c_1\}(d) = 0.71$，$kR \cup \{c_2\}(d) = 0.86$，$kR \cup \{c_3\}(d) = 0.57$，$kR \cup \{c_4\}(d) = 0,71$；

$SIG(c_1,R,d) = 0.29$，$SIG(c_2,R,d) = 0.43$，$SIG(c_3,R,d) = 0.14$，$SIG(c_4,R,d) = 0.29$。

8.3.2.4 结果分析

通过计算属性核以及各条件属性相对于决策属性的重要性，可以看出，各题型的得分对成绩影响的重要程度依次为编程题、填空题、选择题和程序改错题、判断题。分析原因，编程题，考核课程的重点和难点，覆盖内容较多，属于综合性知识，对成绩的影响程度最大；填空题，考核课程的基础知识，要求学生对知识点掌握的要十分准确，对成绩的影响程度较大；选择题和程序改错题，考核课程的基础知识，综合性较强，对成绩的影响程度一般；判断题，涉及的知识点较多，但具有一定的概率性，因此对成绩的影响程度较小。

综上所述，在今后的教学过程中，应采取适当的方法和措施，巩固基础性知识的掌握，加强综合性知识的训练等，以此提高教学质量。

参考文献

[1] 夏春艳．基于粗集属性约简的数据挖掘技术的研究与应用［D］．长春：长春理工大学，2004.

[2] 梁川，王文生，等．农业信息资源上数据挖掘的应用［J］．中国农学通报，2009，25（11）：243～247.

[3] 陈桂芬．面向精准农业的空间数据挖掘技术研究与应用［D］．长春：吉林大学，2009.

[4] 李增祥．数据挖掘技术在农业生产中的应用［J］．微计算机信息，2010，26（63）：150～151.

[5] 龙腾芳．数据挖掘技术在农业领域中的应用研究［J］．微计算机信息，2005，21（8）：423.

[6] 夏春艳，宋志超，张伟. 数据挖掘技术在农作物灾害预测中的应用 [J]. 安徽农业科学，2011，3 (08)：5038～5040.

[7] 邓胜，戴小鹏，陈恳，等. 粗糙集理论在农业生物灾害预测中的应用 [J]. 安徽农业科学，2010，38 (6)：3120～3121.

[8] 李树平，夏春艳，赵杰. 粗糙集理论在农业生产中的应用 [J]. 安徽农业科学，2011，10 (29)：17762～17763.

[9] 夏春艳，冯宪彬，罗美淑，等. 粗糙集理论在农业中的应用 [J]. 安徽农业科学，2011，10 (30)：18391～18392.

[10] 夏春艳，崔广才，蔡春华，等. 数据挖掘技术在农作物种植领域中的应用 [J]. 中国农机化学报，2014，5 (03).

[11] 夏春艳，崔广才，宋丽，等. 数据挖掘技术在水稻产量预测中的应用 [J]. 中国农机化学报，2014，35 (06).

[12] 罗美淑，刘世勇，夏春艳. 数据挖掘技术在教学评价中的应用研究 [J]. 教育探索，2013，2 (02)：81～82.

[13] 夏春艳，罗美淑，葛礼霞. 数据挖掘技术在教学中的应用 [J]. 科学致富向导，2013，8 (24)：112.